カラス屋の双眼鏡

松原 始

ハルキ文庫

角川春樹事務所

カラス屋の双眼鏡

目次

第三章 カラス屋の日常

第四章 じつはこんなものも好き

第五章 カラス屋の週末

目次カット／植木ななせ
本文イラスト／松原始
本文デザイン／五十嵐徹
（芦澤泰偉事務所）

カラス屋の双眼鏡

序　章〜はじめまして、カラス屋です

ちょっと思い出してみてほしい。あなたは今日、何を見ただろうか？　見たものすべてを覚えておくのは無理だろう。人は世界の中から自分の見たいものを見て、印象に残ったものだけを記憶する。だから、何に目をとめて見るか、見たなかから何を覚えているかは、大げさに言えば、その人の生き方を反映している。

私は大学博物館に勤務していて、学生時代からカラスの行動や生態を研究している生物学者だ。学位もそれで取ったので、カラスの研究者ということになるだろう。カラスは鳥なので鳥類学者と言ってもいいし、鳥は動物に含まれるから、動物学者とも言える。カラスの行動に注目していることが多いので、動物行動学者という言い方もできる。生態学者、とは言えないだろうが、動物の行動を理解するうえで、周囲の環境にも一応は目を向ける。

まあ、私が何学者であるかはそんなに大事なことではない。要するに、私はしばしばカラスという動物を観察していて、カラスが何をしているか、カラスがいる環境はどんな感じか、という点に注意して見ているということだ。めんどくさいから「カラス屋」と名乗ることもある。生物学者は自分の研究対象に合わせて「ヘビ屋」「鳥屋」などと名乗る（あるいは、呼ばれる）ことがあるのだ。ちょっとした自虐と親しみやすさ、そして自分の専門に対する誇りを滲（にじ）ませた言葉である。ただし、昆虫の研究者を安易に「ムシ屋」というのはよろしくない。「研究に関係なく採集に熱中する奴（やつ）」という意味の場合もあるからだ。あと、魚類学者が「魚屋です」と名乗ると鮮魚店と間違われる、かもしれない。カラス屋にその心配はない。

さて、生物学者というと、そのへんにいる生物は全部知っているように思われているかもしれないが、とんでもない誤解である。たとえば日本にいる鳥はざっと600種ほど。これくらいならまだいいが、世界の鳥類は少なくとも9000種。植物は（数え方にもよるが）30万種近くで、昆虫になると世界に100万種、未発見の種もまだまだあるだろう。菌類やら原生動物やらになるともう、見当もつかない。こんなものを、自分の専門外のことまで全部覚えておけるわけがない。研究者は物知り博士である必要はなく、自分の研究する範囲だけ知っていれば仕事はできる。極端な話、カラスを見てカラスだとわかりさえすれば、それだけでもカラスの研究はできるだろう。現代の科学は専門化・細分化されているうえに参照すべき先行研究は山ほどあり、専門外のことまで覚えておく余裕がなかなかないのである。

だが、それだけでいいんだ！と言いきってしまうのも、ちょっと残念だ。だいたい、生き物の世界というのは、じつに楽しいのである。ちょっとそのへんを歩いてみるだけで、どれだけの生物に出会うことか。

街なかにいるから生物なんかいない？いえ、ちゃんといます。いつもより少しゆっくり歩いて、道端のどうでもいいものに目を向けてみよう。小さくて見えないなら、しゃがみこんで目を近づければいい。すぐに立ち止まってちっとも歩いてくれない小さな子どもみたいだが、そのとおり。あれが、「面白いものを見逃さない視線」の基本である。

昔は、ダーウィンのような博物学者、いわば「プロの物知り博士」がたくさんいた。ダーウィンの進化論といえばガラパゴス島のフィンチ（ヒワの仲間の小鳥）やゾウガメが有名だが、実際には植物、昆虫、鳥類、哺乳類、化石、地質と、なんでも見て考えている。さらに、彼の著作には『ミミズの研究』というものまである。ひとりで多くの分野を網羅しているのだ。これぞまさに博物学である。

今では博物学という研究分野は残っていないが、生物学者の中には「シンプルに生き物大好き」という人が少なくない。ワタリガラスの研究で有名なバーンド・ハインリッチは私の尊敬する「カラス学者」だが、もともとはマルハナバチの研究で学位を取った人で、ワシミミズクについての著作もあり、優れてナチュラリスト的な研究者でもある。

ガラパゴスフィンチの研究で有名なグラント夫妻が京都に来たとき、一緒に山を歩いたことがあるのだが、崖を見れば「この地層は面白い、いつごろのものだろう」と尋ねられ、鞍馬寺の境内では「あの木はカメリアのように見えるがずいぶん大きいね、日本特産種かな」と言われ（実際それはカメリア・ジャポニカ、つまりツバキの大木だった）、「タケとスギが一緒に生えているのは我々欧米人には非常に面白い、なぜかというと……」と講義が始まり、貴船川の生け簀で飼われていたイワナを「アメリカで言えばレイクトラウトかアークティック・チャーの仲間」と説明すると「オー！」と目を丸くしてから「ではきっと渓流で水が冷たいんだね？　氷河期から残っているのかな？」と見事に言い当てる。昼食に山菜が出てくると興味津々で、コゴミが丸まっているのを伸ばして検分し、「これはヤシの芽かな？　なに、シダ？　ほう！」と喜ぶ。まあなんとも、目にするものすべてを存分に楽しんでいるといった風情であった。「この人は日々、決して退屈なんかしないのだろう」と思ったのを覚えている。

さて、私ごときを先に述べたような偉大なナチュラリストたちと比べるのもおこがましいが、それでも外に出るとあれこれ見つけて楽しむほうである。カラスしか見ていないわけではないのだ。

子どものとき、家にはいろんな図鑑があった。年上の従兄弟（いとこ）が近所にいたので、そのお下がりがどっさり家にあったからである。これを読み漁（あさ）っていたら、親や親戚があれこれ図鑑を買いたしてくれた。おまけに家のまわりが田んぼだったりため池だったり森だったりして、ムシでもカエルでもサカナでもザリガニでも見放題、採り放題だった。カエルがいれば追いかけまわし、ヘビがいればとっ捕まえ、ヨシノボリがいれば水槽で飼い、ジグモの巣を引っ張りだしては手に乗せて見ていた。小学校からの帰り道、バス停から家まで1キロしかないのに、水路と石垣と草むらをすべて覗（のぞ）いてまわるので、家まで1時間くらいかかってしまうこともあったほどだ。「外に遊びにいく」と言えば、野球でもサッカーでもなく、近所の田んぼや川をうろついて生き物を探すことだった。

だから今も、何か面白いものがいるとすぐ寄っていく。図鑑を読んでいると、それぞれの生物の持っている背景やストーリーというものも、いろいろと見えてくる。寺山修司は「書を捨てよ、町へ出よう」と言ったが、書を捨てることはない。まずはじっくりと本を読み、ときには図鑑を持って外に出て、「あ、これは図鑑に出ていたあれだ！」とわかる瞬間、あの快感は何物にも代えがたい。

子どものころは図鑑を丸覚えできてしまうので、どのページのどのへんに出ていた種類か、すぐわかってしまうものである。「どくとるマンボウ」こと北杜夫（もりお）は幼少のころ、病気で臥（ふ）せっている間に昆虫図鑑を読み漁ったという。やっと床払（とこばら）いして外に出られた日、自分の前でピタッと空中停止した昆虫がビロウドツリアブだとわかって、世界が一変したように感じたと書いている。

なお、ビロウドツリアブというのは、そのへんにふつうにいる。毛の生えた球体から翅と長い口吻を生やしたような、ちょっとぬいぐるみ的な昆虫である。「吊りアブ」の名のとおり、吊り下げたようにピタリと空中停止できる。そうやって花の前に停止し、吻を差し入れて蜜を吸う。それでも届かなければ花に止まるか、頭を突っこむ。こうしているうちに付着した花粉を運ぶことにもなるので、ツリアブは植物にとって重要な存在でもある。

鳥も花粉を運ぶ。サザンカやツバキは冬に大きな花を咲かせるが、あんな寒い時期に昆虫はいない。ああいう花は昆虫ではなく鳥を呼び寄せ、蜜を吸うときに花粉を頭にくっつけて運んでもらうのだ。ツバキに集まるメジロを見ていると、顔が花粉で黄色くなっているのがわかる。こういうのを見かけると、「ああ、たしかにメジロは花粉を運んでいるんだ」と実感できたりもするのである。

……とまあ、こんな具合に生き物たちを眺めながら歩いていると、「楽しいことなんか何もない」という虚無感に陥ることだけはない。なぜなら、この世の中はありとあらゆる生物が、ありとあらゆることをワチャワチャやっている世界だからである。

アリ一匹でさえどれくらい楽しいものか、一例を挙げてみよう。のり弁を買って、公園で食べているとしよう。弁当にはチクワの天ぷらが入っているはずだ。この天かすをひとつ、地面に落としてしまったとする。ここを通りかかったアリの行動を見ていると、5分くらいは余裕で楽しめるはずである。どう楽しめるかは、この本の最後に記しておく。もちろん、読む前に自分で試してみてもいい。

第一章 やっぱりカラスが好き

上を向いて歩こう

ニンゲン立ち入り禁止

「なんで視線が上向いてるの？」と知り合いに言われたことがある。自分では意識していなかったのだが、たしかに、ときどき、上を見ているかもしれない。

理由はもちろん、カラスとカラスの巣を探すためである。

カラスはたくさんいるのに、巣なんか見たことないという方はよくいる。無理もない。私も、カラスを観察しはじめてから半年くらいは見えなかった。

だが、難しいのは最初の一個だけだ。ひとつ見えると次々に見つかる。意識するようになると目にとまるから、という理由もあるし、見え方がわかると急に認識できるようになるから、という理由もある［＊］。

最近のことだが、ある公園のカラスの巣を探したことがある。駅から20分ほど歩いて公園に入り、「なかなかいいところじゃないか」と思いながらあたりをぐるりと見渡したら、もうカラスの巣があった。ほぼ頭上、たった今、私が入ってきた公園の入り口の脇である。あまりにわかりやすくて笑ってしまったほどだ。

だが、この巣はどうやら使っていない。下から見上げると枝が抜け落ちて、空が透けて見える。使っている巣なら産座（さんざ）という卵を乗せる部分をしっかり編みこんであるから、こんなにスカスカではない。となると、去年の巣だろう（カラスの巣は頑丈なので、1年くらいは余裕で残る）。第一、繁殖期のまっただ中に人間が巣を見上げているのだ。カラスたるもの、怒らないにしても、警戒して様子を見にくるはずだ。

そう思って木立を見上げながら20メートルほど歩くと、一羽のハシブトガラスが慌てて公園の外から飛んでくるのが見えた。のみならず、早口に「カアカアカアカア！」と鳴きはじめている。何かが気に入らないらしい。

私が近づいたせいか、それとも、前にいるおじさんか？

私ではない。カラスはこっちには来ないで、道の先のほうに留（とど）まったまま鳴いている。おじさんがベンチに座ったのが気に入らないのだ。木立の間を、もうひとつの影が飛ぶのが見えた。ペアのパートナーだ。カラスが夫婦で警戒している。すぐ近くに巣があって、何としても防衛しようとしているに違いない。

ふむむ、しかしどの木だ？　ハシブトガラスが好むのは春先に巣をかけても見られる心配のない常緑樹。すでに葉が伸びて茂っている季節なら、落葉樹でもいい。それから、高い木のほうが好きだ。やたらに人が近づかないところも好む。付近のそれらしい木を見上げるが、巣らしい丸い影は見えない。おかしいな、このあたりじゃないのか。

だが、あのカラスの動きは確実に、あのおじさんを警戒している。おじさんとカラスの動きを思い出して、カラスが守ろうとしている範囲をしぼりこんでみよう。いわば、カラスの「防衛線」を読むわけだ。そこから考えると、巣はこの周辺しかあり得ない。だが、このへんの木は全部見たぞ？

あ、一本だけ見てない。あのベンチの真後ろの、低い常緑樹。高さは5メートルそこそこ、カラスというより、キジバトやヒヨドリの営巣木だ。だが、葉っぱがびっしりと茂っていて中がまったく見えない。そして、あの木だとするなら、カラスの動きは完璧に理解できる。カラスが防衛線を張ろうとした範囲のド真ん中だ。

巣があるとしたら、さすがに遊歩道から見える側ではあるまい。そっと後ろにまわってみると、混み合った葉っぱの間に一カ所だけ隙間があり、その奥に、枝とハンガーを突きだしたカラスの巣が見えた。

やっぱりここか。だが、使っているかどうか、確認ができない。さっきのカラスの怒り方からして、今まさに使っている巣だとは思うのだが。まあいい、確認するのは後回しにして、次の巣を探そう。

入り口で撮影しておいた公園の案内図の写真をデジカメのモニターに出し、縄張りの配置を予測する。都市部のハシブトガラスの縄張りの広さは6ヘクタールから10ヘクタールくらい。郊外なら20～30ヘクタールくらいあってもおかしくないが、ここらへんだったら

10ヘクタールそこそこだろう。すると直径400メートルくらいの円を仮定すればだいたい合っている。そして、巣はおそらく公園の中に密集している。そういう縄張りが公園から市街地に広がるように並んでいるはずだ。

そうやって考えていたら、ちょっと困った場所が出てきた。公園の真ん中を大きな道路が通っているのだが、このあたりがよくわからない。カラスの行動圏が道路で分断されていれば、道路の両側に縄張りがひとつずつ、合計ふたつありそうだ。ひょっとしたら、こちらにひとつ、向こうにふたつの合計3つあるかもしれない。だが、道路をまたいで行動しているなら、縄張りはひとつ、ということもある。

道路を渡って向こう側へ行くと、一羽のカラスが公園のすぐ外のビルから飛んでくるのが見えた。喉が膨らんでいる。何かエサを運んでいるのだ。ヒナがいるのかもしれない。だが、オスは卵を抱いているメスのところにもエサを運んでくる。あるいは、営巣とは関係なく、エサをどこかに隠しておきたいだけかもしれない。この段階ではどれとも決められない。

カラスは遊歩道の脇の林に入って姿を消した。ふむむ……。あのへんを目指しているのか。遊歩道に近いが、手前に何本も木があるから、奥のほうは見えない。その向こうは公園の外の道路だがあまり人通りが多くない。営巣場所としてはまずまずだ。林に

入ると、一羽のハシブトガラスがふわっと飛び、枝に止まるのが見えた。チラ、チラ、とこちらを窺(うかが)っている。大騒ぎはしないが、嫌がっているようだ。近づいてほしくないのだな。だったら……。あたりを見渡したが、素直に、カラスが飛びだしたあの木がいちばんそれらしい。周囲から見えにくい角度に回りこみ、双眼鏡で眺めると、案の定そこに巣があった。

この角に縄張りがあるということは、反対側の角にもおそらく、ペアがいる。探しにくいと公園事務所の真ん前の高いケヤキの上に巣があった。しかし、これは明らかに古巣だ。だが、カラスの動きを見ていると、縄張りがあるのも確かだ。遠くないところに巣があるはずだ。しばらく探したが見当たらない。うーん、何ペアいるのか、読みづらい状況だ。

他のエリアを先に見まわった後、落ち着いて、このわかりにくい場所をじっくり観察してみた。公園事務所のあたりでウロウロしていると、「オッ、アッ」というくぐもった小さな声がする。あ、この声は聞いたことがある。オスがメスのためにエサを持ってきたのだ。メスが卵を抱いている間、メスの食べるエサはオスが運んでくる。だがハシブトガラスのオスは巣に直接入らず、少し離れたところで鳴いて、メスを呼びだす。呼ばれたメスは木立の中を飛んでエサを受け取る。受け取るときにエサをねだる声を出すことがあるが、その後は黙ったまま、遠まわりしながら巣に戻るのが常だ。ハシブトガラスは巣を隠すことに異常なほどこだわりをもっているのである。おそらく、彼らが進化した熱帯・亜熱帯の森林には、ジャコウネコやサルなど、木に登って卵を食べにくる捕食者がたくさんいたのだろう。

だが、そのつもりで見ているカラス屋の目からは、そう簡単には逃れられない。

しばらく見ていると、目の前のプラタナスから一羽のハシブトガラスが飛びだしたのが見えた。何本か木が集まっているところだ。あの木に巣があるとは限らないが、近くであるのは間違いない。枝に止まったカラスは羽を伸ばし、羽づくろいを始めた。これは抱卵中のメスだ。じっと巣に座っていると疲れるのか、エサを受け取るついでに外で休憩しているのだ。となると、メスが出てきたあたりに巣があるとみていい。

こういう木は真下から見上げても無駄だ。クスノキのような、傘を広げたような樹形なら下から見るのがよいが、柴箒のように枝を広げた木を下から見ても、高い位置にあるカラスの巣は見えない。ちょっと距離をとって、周囲を一周してみるのがコツだ。そろそろ警戒しはじめたカラスを怒らせないよう、適当に「見ていないフリ」をしながら、場所を変えて双眼鏡で葉っぱの間を確かめてみる。が、どうも見えない。この木ではないのかもしれない。

そう思っていたらカラスが飛んだので、これを追って移動した。ふうむ、あちらの並木ということもあるか。だが、それらしいものは見えない。おかしい。このあたりではないのか。自信がなくなってきた。

考えながら歩いていると、忽然（こつぜん）と、枝の間を通して木の上に巣が見えた。え？　あれはどの木になるんだ？

だいぶウロウロしてしまったが、結局、その木は最初に見当をつけた木立の中の一本だった。最初に「コレだ！」と思った勘は、それなりに大事にすべきものらしい。

よし、これで、このエリアに2ペアいることが確認できた。そして、カラスはどうやら道路を渡って向こう側へは行かない。ならば、向こう側に別のペアがいるはずだ。道路を渡り、「絶対このへんにあるはずだ」と信じて周囲を見る。

ハシブトガラスが動くのが見えた。公園の外の建物の屋根から飛んできて、道路の中央まで行って向きを変え、公園に戻ってくる。やはり、行動圏は道路までだ。そのまま、林の端っこに止まった。ベンチが並ぶ一角の、高い木の枝の上だ。さっき通ったときは、あのあたりはフリーマーケットで賑（にぎ）わっていた。カラスはそのままチョンチョンと枝を飛び移りながら木を登ってゆく。この動きは巣に戻る気じゃなかろうか。

そのまま視線を上げると、大きな枝の股に挟みこんだような巣が見えた。ああ、これだ。よし、これで全部だろう。

結局、この日は3時間ほど探して、駅前から数えれば古巣も含めて10巣が見つかった。

丸の内にもカラス

だが、いつもこんなにうまくいくとは限らない。

東京駅前、丸の内のロータリーあたりに1ペアのハシブトガラスが住んでいる。行動圏はそこそこ広く、北は新丸ビル沿いの行幸通り、南は東京国際フォーラムの手前、西は丸の内仲通り、そして東は東京駅の山手線の真上あたりまでである。新幹線が並ぶあたりまで行くと、そこは八重洲側に住んでいるハシブトガラスの縄張りだ。

さて、ある年、このカラス夫婦は丸ビルのど真ん前、イチョウ並木に営巣した。だが、さすがに1週間とたたないうちに撤去されてしまった。その年はもう一回、東京駅の真ん前にそびえていた換気塔の中に営巣したが、これも撤去されたようである。そして翌年のこと。

カラスが枝をくわえて飛んでいくのが見えた。イチョウから折り取ってきたのだ。飛んでいく先は東京駅か、はとバス乗り場か。

ＫＩＴＥの展望デッキに上がって眺めてみたが、はとバス乗り場前の並木は営巣よけなのか、剪定されて丸坊主状態だ。営巣できそうには見えないし、双眼鏡で一本ずつ確認しても営巣していない。

はて、では八重洲側まで飛んだのか？　あちらには緑の濃い並木があるが、ちょっと遠すぎないかなー。駅を越えないとすると、ズラリと並んだ、架線を支える鉄塔があるが、ハハ、まさかね。鉄道会社はつねにカラスの営巣に目を光らせているし、まして交通の要衝である東京駅だ。カラスの巣を見逃して架線がショートしました、なんてことはないだろう。だが、駅舎のどこかに営巣することは、あり得る。ワタリガラスは崖に営巣することがあるし、ハシブトガラスでもそういう例を聞いたことはあるからだ。

そう思いながら見ていると、東京駅の屋根あたりから飛び立ったカラスが、鉄塔のひとつにチョンと止まり、そのままヒョイと内側に入った。鉄骨を組んだトラス構造の先端部、キャップみたいに鉄板で囲われた箇所だ。私のいる位置からだと中が覗(のぞ)ける。そこには枝と針金を組み合わせて巣が出来かかっているのが見えた。

ウソやろ。ほんまに作ってるやん。しかもあれ、中央線……。あれが停電したら大騒動になるなあ……。

と思ったのだが、さすがに見逃されなかったようで、しばらくするとカラスはこの巣を使うのをやめた。巣材は残っていたが、卵を撤去してしまったか、あるいは人が点検に来たために巣を放棄したのだろう。

だが、その後もしばしば、一羽のハシブトガラスが東京駅の避雷針に止まって、じっとどこかを見ているのを目撃した。一羽だけ、ということは、メスはどこかで再営巣しており、巣から離れられないのでは？

カラスはふつう、巣からは少し離れていて、自分の縄張りが見渡せて、かつ、巣の周辺がよく見える場所に陣取って見張る。すると、巣がある範囲は限られてくる。JPタワー、丸ビル、新丸ビル付近で営巣できそうな、おそらくは木の上だ。となると、丸ビルの前の並木がいちばん怪しい。行幸通りや、丸ビルと三菱ビルの間も候補になる。

ところが、このあたりをいくら歩いても、カラスの巣は見つからなかったのである。見ていると意味ありげに丸ビルの周囲を飛んでいたりするのだが、いくら探しても見えない。空振りを続けているうちに、本当に営巣しているのかどうかも自信がなくなってきた。せめてヒナがいれば、親はせっせとエサを運ぶし、ヒナの声が聞こえることもあるし、見当がつけやすいのだが。

だめだ、高層ビル街のカラスは私の知識にない。全然わからん。

結局、この年の営巣場所は、わからないままだった。

*――じつは猛禽（もうきん）を見つけるのも同じ。大学生のころに愛知県の伊良湖（いらご）岬でさんざんタカを見たら目が馴（な）れたのか、以後、そのへんを飛んでいるのに気づくようになった。それまではカラスかハトだと思って意識していなかったのだろう。飛行中のハイタカやオオタカは一見するとハトに似ているが、首が極端に短くて尾が長く、翼をピンと張ったまま羽ばたいてはスーッと滑空（かっくう）するのが特徴だ。

子ガラスが来た

悪意なき誘拐

大学院にいたときのこと。その日も夕方まで下鴨（しもがも）神社でカラスを観察し、ノートに「17:45　終了」と書きこんで閉じた。双眼鏡をタオルで巻いてデイパックに放りこみ、ケースに入れた望遠鏡もデイパックに収め、三脚を畳んで、片手にぶら下げる。

下鴨神社を出て、御蔭通（みかげどおり）を東へ。叡山（えいざん）電鉄の線路を越えてしばらく歩き、田中里ノ前（たなかさとのまえ）の生鮮館とアサオ酒店の前を通り過ぎる。里ノ前の交差点を渡って坂を上っていくと、京都大学北部キャンパスの裏口がある。農学部農場のなかを通り、馬場の前でそこはかとなく草食獣の臭（にお）いを感じ、低温研の前を通り過ぎる。ここの角のあたりのアカマツの上にもハシブトガラスの巣があって、今年はヒナが2羽巣立った。農学部、北部食堂前と順に通って、赤煉瓦（れんが）の理学部2号館へ。手にした装備類をガチャガチャいわせながら廊下を歩き、3階のいちばん奥の角にある、動物行動学の院生部屋に入る。

自分の机の上には、なぜか段ボール箱が置いてあった。

「松原くーん、それ、プレゼント」

先輩がニヤニヤ笑いながら教えてくれた。プレゼント？　何かを嫌な予感を感じながらそっと蓋を開けようとすると、中でガサガサと音がした。生き物の臭引きずるような音もする。同時に、温まった生臭い臭いも立ちのぼってきた。生き物の臭いだが、ケモノではない。この生臭さは尿酸だ。そして、爬虫類ならこんなに熱がこもらない。つまり、尿酸を排出し、しかも体温の高いやつだ。ちなみに鳥の体温は40度くらいある。

「グワア！」

箱を開けるなり、不機嫌そうな大声があがった。ああ、やっぱり……。カラスの巣立ちビナだ。巣立ってからどれくらいだろう？　1週間くらいはたっているだろうか？　口の中はまだ、見事に赤い。目も青いままだ。ドスンバタンと音がするのは、翼を広げようとしては段ボールにぶつけているからだ。左足を引きずっている。これは折れたか？　それとも病気か？　ふしょ節（鳥の足指の上の節、ヒトで言えば足の甲に当たる部分）の末端、指の付け根の関節部分が腫れ上がって、指が内側に曲がってしまっている。

状態を確認するために触ろうとしたら「ガア！」と怒られた。さすがに野生のカラスは気安く触らせてはくれない。

ついでに、これは幼鳥でも成鳥でもそうだが、鳥の攻撃は「噛む」のが基本である。くちばしを突きだして噛みつきにくるので「つつく」ように見えるし、実際、くちばしがガツッと当たることもあるのだが、攻撃の方法としては「嚙む」なのだ。標識調査のために鳥をカスミ網（鳥を捕獲するための、細い糸で編んだ刺し網の一種。鳥を傷つけずに捕獲できるが、研究用以外の使用は禁止されている）で捕獲すると、ホオジロだろうがシジュウカラだろうが、ガジガジ嚙みつこうとする。鳥の先祖はやっぱり恐竜だ。

ただし、鳥によっては突きも使う。闘鶏用のシャモは人間の目を狙ってくちばしを突きだしてくる。飼育係だった人に、ツルも怒らせると顔を狙ってくるので怖いと聞いたことがあったような。

ちなみに、日常的な鳥のなかで嚙まれて痛いのは、草の種や堅い木の実を主食にしている連中である。スズメ大ならまだ許せるが、ブンチョウより大きなシメになると、絶対嚙まれたくない。もうひとつ、ちょいちょい網にかかるが、できたら触りたくないのがモズだ。小動物を襲って食べているだけあって、あのくちばしはいとも簡単に指に突き刺さるし、ギリギリと嚙みついて放してくれない。間違いなく流血沙汰である。

それに比べたらカラスは大きいだけだ。くちばしの先端で「カプッ」と嚙まれるといつの間にか皮膚が切れていたりするが、まあその程度である。ただし、くちばしの届く範囲に入ったものは片っ端から嚙む。

それはともかく、子ガラスを何とかしなければ。

「どこから来たんですか、これ」

先輩に聞くと、午後、学生が持ってきたのだという。鳥なら理学部だろうと思って理学部事務室に行き、そこで「鳥ならあの先生かなあ」と教授に回され、教授には「カラスなら松原のとこへ持っていけ」と言われたようだ。さあて、困った。

いつも思うことだが、私は大学院で数年間カラスを研究してはいるが、カラスを飼っているわけじゃない！

第一、カラスに限らないが、「ヒナが落ちていたから拾いました」というのは重大な反則、ヒナの誘拐である。鳥はヒナが地面にいても世話をする。ただ、親鳥は（ごく一部の例外を除いて）ヒナを運ぶということをやらないので、地面から枝の上まで飛び上がるのは、ヒナ自身の仕事になる。人間がやってもいいのは、ヒナを高いところに乗せておく程度までだ［＊1］。「保護」して持ち帰ってしまった場合、親鳥は他のヒナの世話にかかりきりになって、その場から移動するので、後から返しにいっても、もうヒナを見つけられない。他のヒナがいなければ、じきに子育てモードが終了してしまい、そもそも子育てしていたことを忘れているだろう。だから、ヒナを拾って帰ってはいけないのだ。

体も声もデカいんです

とはいえ、生意気な顔をしているくせに地面で哀れっぽく「くわあ」と鳴いている子ガラスを見過ごしにできなかった、という気持ちはよくわかる。その心を悪く言うつもりはまったくない。だが、カラスを飼うのは大ごとなのだ。

まず、デカい。ハシブトガラスは全長50センチ以上もあるのだ。ネコがぺたんと座っているくらいのサイズ感だ。しかもこいつらはネコのように丸まったりしない。翼を広げれば1メートル。大型犬用のケージでもなければ、羽を伸ばすことさえできない。もちろん、気軽に室内に置ける大きさではない。

それから、うるさい。こいつらは行動範囲が広いだけあって、とんでもない大声である。近くで聞くと音割れしたスピーカーみたいだ。到底、研究室に置いておけるレベルではない。実験室だって、昔、先輩がウズラを飼っていたときはひっきりなしに「キョッケッケー！」と鳴いて「なんとかしろ」と言われていたくらいだ。ハシブトガラスの声はウズラほど甲高くはないが、親鳥が本気で鳴けば、静かな場所なら1キロメートル離れても聞こえる。要するに、ほぼ「騒音」レベルの音量である。

そして、エサ。ハシブトガラスの体重は600グラム以上、スズメなら20羽ぶん以上に相当する。おそらく、少なくとも一日に100グラムかそこらはエサを食べる。代謝が高いから空腹になるのも早い。

しかも、カラスは空腹に弱い。動物に何か課題を解かせるときは、正解したらご褒美にエサを与え、エサで釣ってヤル気を出させる。だから、動物の知能を実験するときは、空腹度合いを一定にしておく。満腹した個体は真面目(まじめ)に課題を解かないからである。このとき、自由に腹一杯食わせたときの体重を基準として、標準体重の85パーセントに統制、などの方法を取る。カワラバトならこれで大丈夫だ。

ところが、ある研究者に聞いたところ、カラスは90パーセントまで減量するともうフラフラで倒れそうだったという。ふだんの体重が軽いのか、極端に空腹に弱いのか、あるいはカワラバトが空腹に強すぎるのか知らないが、ひっきりなしにエサを食っていないと、たぶん、死んでしまう。エサの種類にしても、十分なタンパク質とビタミンとミネラルが必要だ（まあ基本は九官鳥フードやドッグフードで誤魔化せるようだが、やはりときどきは昆虫やネズミを丸ごと与えたほうがいいんじゃないだろうか）。

あと、紫外線が足りなくても病気になる。太陽光に当てるか、紫外線灯をつけるか。水浴びもさせなきゃいけないし、さりとて水浴びしたら周囲に水を跳ね散らかすし、フンの量も多いし、鳥のフンはだいたい臭いし、カラス自体が埃っぽくて油っぽい臭いがするし、何でもかんでもつつき回してぶっ壊すし、なんかもう、カラスの世話だけで自分の一日は終わりそうだ。

しかも、このカラスは明らかに怪我をしている。足指の付け根が腫れ上がって、おそらく炎症を起こしているだろう。傷病鳥の世話となると、よけいに難しい。しかも野鳥なので、獣医に診せるのも困難だ（野鳥は基本的に飼ってはいけないし、誰が飼い主でもない鳥は治療しても責任の所在が曖昧になりがちなので、獣医さんも対応に困るのである）。

そもそもカラスは小鳥と違い、力が強くて荒っぽい鳥だ。手当ができる獣医、というのがむしろ珍しい。

本来なら、拾われたヒナはもとの場所に返すのが筋だ。だが学生が預けていってしまったので、どこで拾ったのかわからない。しかも怪我をしているのでは、野生に返そうにも返せない。冷徹なことを言えば本来は死んでしまうヒナなのだが、届いたものを「どうせ死ぬでしょ」と捨ててくるのも、あまりに気が重い。

仕方ない。明日、野生動物救護センターに頼むか。今夜一晩は預かろう。とはいえ、カラスの子どもを親から離してしまうと生存に必要なスキルを学ぶことができず、結局「カラスになれない」のだが。だがまあ、野生復帰できないなら、里親が見つかる可能性もなくはない。

バナナ大好き

さて、何はともあれ水とエサ、それから温度管理だ。体力を落とさないようにエサと水を十分に与えて、温度も下がりすぎないようにしないといけない（暑すぎてもだめだが）。

まず、水だ。

なるべく重たくて平たい湯飲みに水を入れ、段ボールの中にそっと入れてみた。途端、カラスは「ガア！」と鳴いて向きなおり、その闖入物をくちばしで弾き飛ばしたうえに蹴り倒した。こんなこともあろうかと水はほとんど入れていなかったが、ああ……やっぱりこうなるか。何か水を飲ませる方法はないかなあ。スポイトはどうだろう。だが実験室のスポイトは薬品用だからあまり使いたくない。そうだ、ストローだ。

もう一度湯飲みに水を入れ、ストローを水中に差しこんでから、ストローの一方を指で塞いだ。これで水を持ち上げることができる。そのままストローをくちばしに近づけると、カラスは胡乱な目でじろりとストローを見て、「ガッ」と鳴くなり、くちばしで払いのけた。だが、うまい具合に、ストローからこぼれた水が一滴、くちばしについた!

カラスは首を傾げてくちばしを上に向けた。水滴がくちばしをつたって口のなかに入ると、二、三度口をパクパクさせてから、こっちをじっと見た。

もう一回、ストローに水を吸い上げてカラスに近づける。今度は怒らない。くちばしをちゃんと開けてくれないのが困りものだが、半開きの口のなかに、さっきよりうまいこと水を落とすことに成功した。カラスはくちばしをパクパクさせ、「もっとくれ」という顔をしている。だが、こんなことをつねにやっているわけにはいかない。巣立ちしているのなら、自力で水を飲むことくらいできるはずだ。「湯飲みのなかには水があって、飲んでもいい」と理解させなくては。

カラスの前でストローを動かして注意を引き、そのまま湯飲みの中に差しこんで、カラスの視線を湯飲みに誘導する。カラスは湯飲みに顔を向け、

左右の目で交互に見ている。よし、ちゃんと湯飲みを見た。そこでストローを持ち上げ、水滴を落としてみせる。もう一回。それから、ストローをくちばしに近づけ、くちばしに水を数滴落とす。カラスが口を開けたところでストローを湯飲みのほうに動かし、くちばしで追いかけさせる。

カラスはくちばしの先で湯飲みに触れた。一度くちばしを離してから、感触を確かめるようにそっと触れなおす。一歩、湯飲みのほうに近寄ると、湯飲みを覗きこんだ。それからくちばしを近づけて、水面に触れた。そして、一瞬考えてから、くちばしをクイと水に浸しては上を向いて、水を飲みはじめた。飲みはじめると早い。あっという間に入れておいた水がなくなった。

よかった。これで最低限、水は飲めるだろう。次はエサだ。

大学近くのコンビニに行って、猫缶とバナナを買った。とりあえずバナナから試してみよう。ああ見えてハシブトガラスは果実食性が強いから、甘い果実が嫌いということはあるまい。

小さく切ったバナナを割り箸でつまみ、水と同じように差しだしてみる。途端、再び「ガアッ」という声とともにバナナが振り払われた。だが、今回もくちばしにバナナが当たり、しかもわずかだが、口に入ったようだ。カラスは味見するように小さく口を動かすと、勢いよくこちらを向いてくちばしを開け、体を低くして「ぐわわわ」と鳴いた。

これは完全なエサ乞い姿勢である。驚いたことに、このカラスは一回の給餌で「こいつはエサをくれる」と判断し、私に向かってエサをねだりはじめたのだ。ただし、いわゆる「懐いた」のとは違う。触ろうとするとひどく怒るからである。怒ってから、翼を広げて口を開けて「ぐわあ」とエサをねだる。人間にはちょっと理解しにくいが、なかなか興味深い反応だ。

続けて猫缶も与えてみたのだが、こちらはくちばしについた途端、激しく頭を振って払い落としてしまった。ふつう、カラスはキャットフードやドッグフードを食べるし、栄養的にもそう悪くないのだが、食べたことがなかったのか、何か気に入らなかったのか。

とにかく、バナナはぱくぱく食べるので、「もういらない」と顔をそむけるまで食べさせておいた。このころになるといろんな人が覗きにきていたのだが、カラスは堂々と、人間の見ている前で目を閉じて寝てしまった。じつに太っ腹であるが、これはまあ、まだ巣立ったばかりで怖いもの知らずなだけだったろう。

救護センター

さて、翌朝。なるべく早く大学に行ったのだが、カラスが寝坊してくれるはずはなかった。彼らは夜明け前から起きているのだ。ねぐらを見ているとわかるが、まだ真っ暗なうちから、「かあ」「カーカー」と声が聞こえている。うっすらと空が明るくなったころ、空を透かしてみると、黒い影が飛びだしていくのも見える。人間が「夜明けだなあ」と思う時刻には、カラスはとっくにエサ場まで来て、地面が十分に明るくなるのを待っているのだ。

研究室のドアを開けようとしたときから、部屋の中でドスンドスンと音が聞こえていた。いろいろと、嫌な想像が頭に浮かぶ。最悪なのは、カラスが段ボール箱から抜けだして部屋のなかを飛びまわっている場合だ。ドアを開けたとたんに廊下に脱走されたら大騒ぎだし、カラスに好き放題暴れさせた室内がどうなるか、その惨状も考えたくない。

そっとドアを開けて見ると、幸い、段ボール箱は閉じたままだった。音はその中から聞こえている。カラスが「早く開けろ」と暴れているのだ。

箱を開けると、中は大惨事だった。湯飲みがひっくり返って水がこぼれている。バナナは踏んづけられてぐちゃぐちゃだ。おまけにフンまみれ。まあ、こうなるわなあ……。

問答無用でカラスをふん捕まえて敷いていた新聞紙を取りかえ、湯飲みの水を入れかえ、冷蔵庫に入れておいたバナナと魚肉ソーセージを与えると、機嫌よくぱくぱく食べた。ついでに片足で飛び跳ねて外に出たがる。いや、それは駄目だってば。

カラスを預かってみてわかったが、こいつらはとにかく面倒である。

生きているのだから当たり前だが、暑くても寒くても空腹になっても死ぬ。親鳥は必死だろう。しかも片時もじっとしていない。こんなヤンチャ坊主を巣立たせて面倒を見る親ガラスに敬意を表したい。それから、給餌への反応がじつに奇妙だ。エサにはすぐ釣られるくせに、人間に懐いているというわけでもないらしい。鳥の認知能力というか世界観はどうなっているんだろう。

そんなことを考えながら、救護センターが開く時間まで自分もバナナを食べながら待って、カラスが多少落ち着いてから、移動することにした。

段ボールを閉じてテープで封じると、箱を抱えて外に出る。大学から救護センターのある京都市動物園までは2キロほど。歩いても行ける距離だが、怪我をしたカラスを抱えて歩くのはちょっとためらう。市バスに乗るのもどうか。バスの中でカラスが大声で鳴きだしたら困る。仕方ないのでタクシーに乗ることにした。カラスを乗せていいかどうかは悩むところだが、まあ箱に入れているのだし、勘弁してもらおう。運転手さんは京大から京都市動物園まで、怪しげな箱を抱えて……という時点でだいたい察しがついていたと思うが、何も言わずに乗せてくれた。

京都市動物園の救護センターは、怪我や病気で保護された野生動物が持ちこまれる場所だ。以前、友人の自宅前に落っこちていたというオオミズナギドリを持ちこんだこともある。オオミズナギドリは日本周辺の無人島で繁殖する海鳥だ。11月ごろ、幼鳥が渡りをする時期に、しばしば日本各地で保護される［＊2］。オオミズナギドリは風に乗って海面すれすれを上手に飛ぶ鳥だが、離陸するのが苦手だ。海面からなら、水かきのついた足で水面を蹴って助走して飛び立つことができるのだが、陸上だと下り斜面を助走しながら必死に羽ばたいて飛ぶか、段差を利用して飛び下りながら発進する。ついでに言えば着陸も苦手だ。樹木に飛びこんで枝にぶつかりながら停止し、地面にぼとっと落ちてくる。

渡りの途中で疲れて地面に下りてしまったら大変だ。都合のいい斜面や段差があるとは限らないし、市街地には彼らが飛び立てるほど開けた空間もあまりない（発進直後は不安定なので、障害物なしにまっすぐ飛べる距離がかなり必要である）。そのため、飛び立てなくて地面をウロウロしているところを人間に保護されるわけだ。

友人は帰宅したら家の前に見たこともない大きな鳥がいるので「これは噂に聞くアレでは？」と思ってとりあえず保護し、私に電話で知らせてくれた。電話口で特徴を尋ねると「カラスくらいか、カラスよりちょっと小さいくらいの大きさ、白い腹、黒褐色の背中、長い翼」と特徴を的確に伝え（この当時は写メなんてものはなかった）、「今、僕の背中によじ登ろうとして爪が当たって痛いんだけど」と言った。

間違いなくオオミズナギドリだ。彼らは飛び立つときの補助のため、木や岩など、高いところによじ登ることもあるからだ。私もやられたことがある。このときは翌朝、三条京阪駅前で鳥を受け取って救護センターに持ちこみ、1ヶ月ほど後に、「元気になったので和歌山の海岸から放鳥しました」という連絡をいただいた。ミズナギドリは遥か南の暖かい海で冬を過ごす。日本で標識された個体がニューギニアで見つかった例もある。

さて、カラスである。救護センターにはさまざまな動物が持ちこまれるので、いろんな声が聞こえてなかなか賑やかだ。カラスの声も聞こえる。やはりこの時期は巣立ちビナが落っこちて保護されることが多く、何羽も届いているのだという［＊3］。

対応してくれた方は手慣れた様子でカラスをヒョイとつかみだし、翼を広げて骨を握って確かめ、翼に骨折はない、と言った。飛べないのはおそらく足のせいだろうとのこと。足は骨折しており、炎症を起こしている様子だと言われた。鳥は飛び立つときに地面を蹴って浮き上がる。飛ぶのが下手なヒナの場合、この踏みきりはとくに重要なので、足を怪我していると飛べなくなる。

治癒したらどこかに放鳥するそうだ。それはそれで生きていけるかどうか不安なのだが、両親の縄張りを突き止めてそこに返すなんて無理だろうし、そもそも後から親元に返しても「おまえ誰だ」になってしまうかもしれない。「地面に落ちて足を折った時点で確実に死んでいたよりはマシ」と思うしかあるまい。

じゃあ、元気で。良くなるといいね。そう思いながら、生意気な顔で「ガア」とか言っている子ガラスを置いて、大学に帰った。

しばらくして救護センターからの通知をいただいた。預けて数日後、ハシブトガラスは炎症による衰弱から肺炎を併発して死亡した、と書いてあった。

＊1――ヒナに触ると人間の臭いがつくから育てなくなる、と言われることもあるが、そんなことはない。「心配で見ていたが親が帰ってこない」というのもよく聞くが、これは人間が近くにいるので親が警戒して近寄れないせいである。

＊2――オオミズナギドリは子どもが飛べないうちに親だけで南に渡ってしまう。残されたヒナたちは溜(た)めこんだ栄養で成長し、自力で飛び方を覚え、幼鳥だけで親の跡を追うように南へ飛ぶ。だが、経験がないため、しばしば道に迷ったうえに途中で落伍(らくご)する。

＊3――現在、救護センター等でカラスの保護を断られる場合がある。害鳥として駆除されている鳥だからである。これは救護センターや動物園のせいではなく、一方で捕殺(ほさつ)しながら「かわいそうだから助けてやれ」などという人間側の矛盾のせいだ。

近所のカラス

縄張り紛争地帯

家の近所にいる動物というのは、何となく覚えてしまうものだ。近所のイヌ、近所のネコ、そして、近所のカラス。

カラスといってても集団でやってこられると区別がつかないが、縄張りがある場合、縄張りの中に住んでいるのは、ペアの2羽だけだ。だから、だいたい同じあたりで「いつものあいつら」に出会う。まあ、実際のところは繁殖期と非繁殖期で縄張り防衛の真面目さが違い、その結果、非繁殖期には集団が入ってくることもあるのだが。

奈良の実家のあたりは、ずっとハシボソガラスの縄張りだった。途中で代替わりしたかもしれないが、少なくとも、私が京都でカラスを研究していたころはずっと同じペアだったと思う。田んぼの先の谷川のあたりに巣をかけていて、家の周辺の田んぼでエサを採っていた。

さて、実家の周辺にはずっとカラスが住んでいたはずなのだが、ゴミを荒らされるようになったのは2000年代になってからである。それまで、実家のあたりのゴミは戸別回収ではなく、家から30メートルほど離れた共同の集積所に積み上げていた。目の前は田んぼで大きく開けている。カラスを妨(さまた)げるものは何もない。様子を窺うのにちょうどよさそうな電柱と電線まである。にもかかわらず、長い間、カラスはゴミを荒らさなかったのである。

これはちょっと不思議なことだ。たしかに一般論として、ハシボソガラスはハシブトガラスほどゴミ漁(あさ)りに熱心ではない感じはするが、だからって「ハシボソガラスはいい子だから、ゴミを荒らさない」なんてことはない。京都市内でゴミ袋からいろんなものを引っぱりだしてはポイポイと散らかしているハシボソガラスを、何度となく見た。なら、なぜ実家のあたりの家庭ゴミを荒らさなかったのか?

それまで、家のあたりのハシボソガラスは「人家に近づいてゴミを漁ろう」なんて考えたこともなかったのだろう。何かの理由でやってみたらできたし、いいエサだと気づいたので、漁りはじめたということはあり得るだろう。こういった例は他にも聞いたことがあり、チンパンジーが何年も畑の中を通り道にしていたのに、作物にまったく手をつけなかったという話を研究者に聞いたことがある。あるときたまたま「あれ、これ食える」と気づいて、荒らすようになったとのこと。

そういうわけで、しばらく前から実家のあたりはゴミバケツが必須になっている。奈良の場合、カラスだけでなくシカも荒らしにくることがあるので面倒だ。

さて、今、私が住んでいるあたりにも、カラスがたくさんいる。

部屋の前の通りは、毎朝カラスの声が聞こえるところだ。ハシブトのこともあるし、ハシボソのこともある。7月末に引っ越してきた当初はハシボソ優勢で、玄関を開けたら目の前のフェンスにハシボソガラスが止まっていたこともある。

そのうち、早朝にハシボソの「ゴアー!」だけでなく、ハシブトガラスの「カアー!」という声も聞こえるようになった。おや、ハシブトガラスが押してきたか。

翌年の春、ハシボソガラスは姿を消し、家の前はハシブトガラスに制圧された。朝、部屋を出ると、電線に止まっているのはハシブトガラスのペアだ。ハシボソガラスは数ブロック先の公園のあたりに引っこんだか、あるいは反対側の、学校のある側へ逃げたか？と思っていたのだが、秋になってまたハシボソガラスがやってきた。そして、冬じゅうハシボソガラスがそのへんにいた。あるいは、若いハシブトガラスが何羽も現れてゴミを漁っていた。ところが、春先になってハシブトガラスのペアがまたも現れた。そして、繁殖期になると、家の前の通りはそのハシブトペアのものになった。

どうやら、子育ての時期には、ハシブトガラスが家のあたりまで縄張りを広げてきているのだが、子育てが終わって縄張り防衛が緩くなり、エサもあまり必要ではなくなると、無駄な喧嘩を避けて引き下がるらしい。そのせいで秋冬は他の連中が入ってくるのだ。どうやら、ちょっとしたパワーバランスの変化で誰の勢力下になるかわからない、紛争地帯に住んでしまったようだ。

ゴミとカラスの事情

さて、繁殖期のカラスが使いたがるということは、家のあたりはカラスの目で見るとエサが多い場所だ、ということになる。まさにそのとおりで、古いアパートが建ち並ぶ街区にあるため、ゴミの防御はかなり、いい加減であった。

私のいるアパートは共用部のゴミ捨て場をフェンスで囲ってあり、カラスが手を出せない。カラス屋の住んでいるアパートがカラスにやられ放題では恰好(かっこう)がつかんなあ、と思っていたのだが、幸いにしてガードは完璧であった。

ところが、道を挟んで向かいにある数棟のアパートは違う。管理会社は同じなのだが、こちらのアパートはカラスよけネットを使っているだけだ。面白いことに、並んでいるアパートのうち、古ぼけた1軒は、あまり荒らされていない。カラスは一応来るのだが、あまり食べるものがないのか、意外とガードが堅いのか、ゴミを荒らしているところはほとんど見ない。だが、その隣の2軒はダメだ。建物は築浅で小洒落(こじゃれ)た外観なのだが、いつ見てもフライドチキンの骨や空き缶が引っ張りだされ、ティッシュとチラシと割り箸が飛び散っている。同じように見えるアパートのゴミも、カラスの目で見れば何かが違うわけだ。何が違うのだろう。一般家庭と飲食店ならエサの質や量がまったく違うだろうが、アパートにそこまでの差はあるまい。

朝から「カア」「カア、カア」と声がするとき、そーっと外に出て観察してみて、荒らされるアパートと荒らされないアパートの違いがわかった。荒らされているほうはネットの大きさに対してゴミが多いのだ。そのため、ゴミ袋がはみ出していて、カラスはいくらでも引っ張りだすことができる。

ボロいアパートのほうは、そもそもゴミの量が少ない。そして、かなりキッチリとネットを被せ、場合によってはブロックを置いて押さえたり、資源ゴミ回収用のコンテナを上から被せて蓋にしてあったりする。つまり、建物の見た目はともかく、ゴミ出しに関してはボロアパートのほうが入居者のマナーがいいわけだ。

さらにこのアパートを眺めていてハタと気づいた。古いアパートのほうには、補助輪付きの子ども用自転車が何台か止めてある。つまり、家族で住んでいる人が多いのだ。一方、白い壁に出窓の小洒落たアパートのほうはおそらくワンルームで、学生や単身者向けだ。実際、見かける住民も若い人が多い。

この違いは生活習慣とゴミ袋の中身に関連するだろう。家族で住んでいる人はだいたい社会人だろうし、家事も手慣れたもので、ゴミ処理も比較的きちんとしている。学生アパートはそのへんが適当になりがちだ。しかも、外側からざっと見た限りでは、ゴミ袋の中身はコンビニ弁当やカップ麺の容器が多い。そのせいでゴミがかさばり、ネットからはみ出す理由のひとつになっているのである。

本当はもっときちんとゴミの種類、栄養価、利用しやすさの違いなどについて知りたかったのだが、他所様のゴミ袋の中身を調べているとストーカーと間違われるから、残念だがやめておいた。

カラスが食べるのは、人間の食べ残しだけではない。家の前の通りの一本向こうに、少し大きな道路がある。この道端に、いつもスチロール製のトレイが置いてあり、ネコのエサが置かれている。実際、夜になるとネコがエサを食べている。さて、朝になっても残っていたエサはどうなるかというと、カラスが来て食べてしまう。だが、これを食べているのはハシボソのときもハシブトのときもあったし、人通りの多い道端に下りなければいけないせいか、いつもオドオドと落ち着かない様子で食べていた。カメラを向けようものなら、即座に飛び立ってしまう。

ところがある日、様子が一変した。ハシブトガラスが地面に下りたまま、バクバクとすごい勢いでキャットフードを食べている。通行人が横を通っても逃げない。おかしい、ふだんならもっと手前で警戒して飛んでいたはずだ。だって、ゴミ漁りの写真を撮るのに苦労したくらいなんだから。

近づいてみると、チラ、チラ、とこっちを見ているのは確認できた。だが逃げない。すぐ近くまで行ってカメラを構えても、逃げない。横向きに少しずつ離れようとしているのは逃げにかかっているのだが、その一方で飛び立たないということは、エサに未練タラタラなのだ。よく見ると喉がぽっこりとふくらんで、舌下嚢（ぜっかのう）にキャットフードをたっぷり溜めこんでいるのがわかった。結局、このときは2メートル近くまで寄れた。たいしてズームの効かないコンパクトデジカメでも、画面からはみ出す大きさにカラスが写る距離だ。

しばらく観察していると、ハシブトガラスはトレイに残っていたキャットフードをガツガツとすべて平らげてから、飛び去った。

その理由は、数日前に遡る。家の前の通りは毎朝のようにカラスがゴミを散らかすから、管理会社の人がせっせと掃除してくれている。だが、毎朝の仕事に手間を割くよりも、設備投資することにしたのだろう。それまでネットかけだけだったアパートに、一斉にステンレス製の大きなゴミ入れが設置された。この威力は絶大で、置いた途端にカラスはゴミ漁りにこなくなった（様子は見にきていたが、エサがとれないので電線に止まっているだけである）。さりとて、代わりのエサ場がすぐに見つかるわけではない。周囲は全部、誰かの縄張りなのだ。かくしてこのハシブトガラスは深刻なエサ不足に陥り、通行人から逃げる余裕もなくキャットフードを貪り食うハメになったのである。

もっとも、ゴミが多すぎて容器からはみ出しているときは、大喜びでつつき回しにくる。

カラスのガキども

さて、どうやらこの「ゴミ置き場改良事件」がきっかけになって、家の近所のカラスたちの縄張りが少し変化した。家のあたりを制圧していたハシブトガラスは南に100メートルほど縄張りを広げた。このあたりのマンションはいつも「ガード甘いなー」と思っていたところである。以前からハシブトガラスがつつきにきていたのだが、隣のハシボソガラスの縄張りとの境界線でもあり、あまり積極的には使っていなかったのだ。だが、重要なエサ場を失ったハシブトガラスはハシボソガラスを追いやり、このマンション上空を手に入れたわけだ。さらに、マンションの裏手の住宅地もエサ場になった。これに伴ってだろうが、営巣場所も、思いがけない場所に移動した。

5月のある朝、駅に向かっていた私は、左手から聞こえる小さな「ぐあー、ぐあー」という声に気づいた。む、ハシブトガラスのヒナの声だ。ハシブトガラスのヒナは鼻にかかった「ンガー」とか「グアー」みたいな、ちょっと甘えた声で鳴く（ハシボソならもっと細い「くぁー」みたいな声）。左には公園がある。ここか。去年まではハシボソガラスとオナガが営巣していたところだ。

公園内で営巣できそうな木はせいぜい3本。だが、どの木にも営巣していない。おかしいな、と思ったら、声はもっと離れたところから聞こえていることに気づいた。この向こうには住宅しかないが……。いや、違うぞ。もっと高い。そう思って視線を上げると、住宅の向こうに送電塔がある。鉄骨を組んだ構造ではなく、帆船の帆柱みたいな形をしている。カラスはしばしば、送電鉄塔の鉄骨の間に営巣するが、この場合は？

じっと見ていると、30メートルくらい上に見張り台のような点検用プラットフォームがあるのに気づいた。その一カ所が妙にトゲトゲしている。ベルトのポーチに入れていた小型の単眼鏡を取りだして眺めてみると、針金と枝が出ているのがわかった。プラットフォームと支持構造の間に隙間があるのだが、ここに巣材を突っこんで営巣しているのだ。うわあ、止まりにくそう。どうやって巣に入るんだろう?

安物の単眼鏡ではよく見えないのでカメラの倍率を最大にして撮影しておく。巣を眺めていたら、塔に止まったカラスが「カアカアカアカアカア」と苛立った声で鳴きはじめた。どうやら、あれが親だ。怒られないうちに退散した。

出勤してから撮影した画像をパソコン上で引き伸ばし、明るさやコントラストを調整してみると、巣の中から顔を出しているヒナが見えた。少なくとも2羽いる。なんとまあ、送電鉄塔に営巣して巣立ち間近まで残るとは幸運なことだ。こういう場所だと、電力会社が片っ端から撤去してしまうのだ。もちろんカラスをいじめるためではなく、電線のショートを防ぐためである。高圧電線は被覆も何もないから、2本の電線をまたぐと簡単にショートする。カラスが巣作り中に針金をくわえてきて、うっかり電線2本に接触したらショート。翼を広げた拍子に、両端が電線に触ったらショート。電線に止まったヒナに、隣の電線から親鳥が首を伸ばしてエサを渡したらショート。カラスが止まる程度ならともかく、営巣されると非常に厄介なのだ。

それから1週間ほどして、カラスのヒナは巣立った。巣の中に見えたのは2羽だったが、巣立ってから数えたら3羽いた。あんな高いところからの初飛行はちょっと心配だったが、無事に下りることができたようだ。子どもたちは公園の前の電線に止まり、親鳥が来ると口を開けて「ぐあー」とエサをねだり、退屈すると電線を噛んで遊んでいた。

さらに数週間後の早朝、公園の反対側の電線にカラスの一団が止まっているのを見た。あれは親鳥、こいつはガキっぽい、こいつもガキ、これは親、これはどう見てもガキんちょ。親鳥2羽と子どもが3羽。どうやら、彼らは無事に育っていたようである。


この「送電塔のペア」とほぼ同時期に、もう1ペアがすぐ近所で育っていた。こちらは巣を見つけられず、最初は2ペアいると思っていなかった。だが見ているとヒナの数や家族の移動方向がどうもチグハグなので、「これは別の家族なんだろうな」と結論した。

このペアはずっとこのあたりにいる、と思う。毎年、同じような個体が同じ場所にいるからだ。最初に見つけたころは、小さなお社(やしろ)か、その隣の小さな公園に営巣していた。理由はおそらく、飲食店とガードの甘いゴミ置き場に惹(ひ)かれてのことだ。ゴミ置き場のひとつは歩道に面しているが、ちょっと引っこんでおり、ゴミ置き場の真ん前まで行かないと中の様子が見えない。だから、通りかかった瞬間にカラスとばったり、ということもある。

こんなときはカラスが瞬時にピョンと飛び下がると同時に脚を曲げ、バサバサバサ！　と音をたててほとんど垂直に飛び上がって逃げる。これは決して威嚇(いかく)や攻撃ではなく、ただただ「びっくりして逃げだしている」だけだ。人間は慌てず騒がず、デンと構えていればいい。ただし私はカラス好きなので「あー、邪魔してごめんねー」と思ってしまう。

このペア、営巣してもすぐに巣が撤去されるようになってからは、どこか人に見つからない場所に営巣しているらしい。私も最近は見つけられないことが出てきた。本気でやれば探せるかもしれないが、さすがに通勤途中だとあまり寄り道できないのだ。

ある年の5月、道を歩いていたら「んがー」というお気楽な声が聞こえてきた。あ、ハシブトガラスのヒナ。立ち止まって周囲を見回していたら、頭上でファサッという軽い羽音が聞こえ、一羽のハシブトガラスが電線に止まった。こっちをジロリと見下ろしている。親鳥に違いない。いつもカラスのほうをじろじろ見てるからなー、顔も覚えられてるかも。

そっとその場を離れて、一本向こうの通りに出る。こっちからもお社は見えるはずだ。たぶん、あの高いスギの木の中のどこか……、と思っていたら、その木からバタバタッと黒いものが飛ぶのが見えた。巣立ちビナだ。巣があったわけではなく、移動してきて、あの木の中に隠れていたのだろう。必死にバタバタ羽ばたいて（そのわりにあまり前に進まないが）、何とかコースを左に曲げたと思うと、神社の生け垣の中にズボッと突っこんだ。それだけでは止まりきれなかったようで、生け垣を貫通して、向こう側に突き抜けた。そしてドサッという音と、憤慨したような「グワー！　グワー！　グワー！」という声が聞こえた。……えらく低いところから。君、止まりそこねて地面まで落ちたでしょ。

危ないなあ、と思っているうちに、石灯籠（いしどうろう）の上にヒョイと飛び上がった子ガラスが見えた。元気な様子で「グワーグワー」と不満をぶちまけている。やれやれ、足を折ったりは

暑い日のハシブトガラスのヒナ

しなかったらしい。
カメラを取りだして撮影していると、さっき私を偵察した親ガラスがスーッと飛んできて民家の屋根に止まり、瓦を叩きはじめた。あ、これは完全に怒ってます。はい、もうパパラッチしません。ごめんなさい。
このペアのヒナは2羽だった。よく神社の屋根にいるのを見かけたが、8月の終わりごろに独立したのか、見かけなくなった。

実践カラス語会話

カラス語、とまでは言わないが、カラスの音声や動きを見ていると、だいたい「次に何をするか」は見当がつく場合がある。とくに、縄張りを防衛しているときの行動は非常にわかりやすい。音声で威嚇する↓侵入者に向かっていく↓並行して飛ぶ↓侵入者が縄張り境界から出たら戻ってくる↓境界線付近の高いところに止まって鳴く、というパターンが多いからだ。

大学院のとき、たまたま部屋に来ていた先輩と話をしていると、校舎の外からカラスの声が聞こえてきた。ハシボソガラスが鳴いている。位置は大学の隣にある知恩寺（ちおんじ）のあたりと見当をつけた。

「松原君、今カラスが鳴いてるのって、意味わかる？」

先輩にそう言われたので、カラスの声に耳を傾けながら解説した。

「ええ、だいたいですけど……。今、知恩寺に縄張りをもっているハシボソガラスのメスが警戒声をあげてます。たぶん、縄張りに侵入者があったんですね。ハシブトが鳴いたから、こいつでしょう。あ、今鳴いたちょっと声の低いハシボソガラスがペアのオスです。オスの声は移動してますね。メスも鳴いてますけど、ハシブトの追跡はオスに任せたみたいです。移動してないですから……。今出川通（いまでがわどおり）からそこのマンションの角を回りましたね、そろそろ来ますよ」

次の瞬間、窓の真ん前をハシブトガラスが飛び去り、その跡を追ってハシボソガラスがガーガー言いながら飛んでいった。

「このハシボソの縄張りは1号館の上までなんで、すぐ戻ってくると思います。引き返してきたら、そのへんの家の屋根に止まって鳴くと思いますけど」

ハシボソは1号館の真ん中へんで速度を落とし、旋回して戻ってくると、大学敷地のすぐ向こうの民家のアンテナに止まり、首を振って「ゴアー!」と鳴いた。そこにもう一羽がやってきた。

「あ、あれがメスですね。ちょっと小さいでしょ」

まあ滅多にないことだが、これくらいピタリと的中すると、ちょっと気分がいい。

カラスの声を聞くだけでなく、こちらから声を出すこともできる。

子どものとき、近所にカラスのねぐらがあったので、夕方になると家の上空を通ってカラスが次々に飛んでいったものだ。夕闇の迫る空を見渡すと、あっちにもこっちにもカラスが小さな群れを作って飛んでおり、それが口々に「カア」「カアカア」と鳴いている。

小学生のころだったろうか。これだけたくさんいるのだから、鳴きまねしたら答えるやつも一羽くらいはいるかもしれないと思って、下から「かあ、かあ」と鳴いてみたことがある。すると、上空からカラスが鳴き返してきた。これには驚いた。同時に感動した。

もっとも、後になって考えてみれば、これが返事だったという証拠は何もない。放っておいてもカラスは口々に鳴いていたのだから、返事だったのか、自分で鳴きたくなって鳴いただけか、区別のつけようもないのである。しまった、早とちりだったか。当時の自分は「他に説明がつけられるような仮説があるかどうか考える」ということさえしなかったのだから、これはもう話にならない。

・自分の鳴きまねに返事をした
・べつに返事ではないが勝手に鳴いた
というふたつの可能性を考えて、「可能性はこのどちらかである。ではどうしたら確かめられるか」と調べるのが、実証的な研究というものだ。

とはいえ、「絶対そうだ!」と思って調べてみたら、自分の思い描いていた仮説を否定してしまうような結果が出ることだってある。こういう場合は潔く「いやー、違いました。てへっ」と諦めるのも肝心である。

ところが、さらにカラスを観察しているうちに、やっぱりあれは返事だったんじゃないのかと思えてきた。というのも、カラスはしばしば、人の声や物音を即興でまねして返すことがあるからだ。

「ダダダダダ……」という削岩機の音を聞くと電線の上で「ガラララ……」と小声で鳴いていたハシブトガラスを見たこともある。傑作だったのは、明治神宮の武道場の前にいたカラスだ。中で稽古をしていたのか「イチ、ニ、サン、シ、ゴ、ロク、シチ、ハチ!」と声が聞こえると、一拍置いてから「カア、カア、カア、カア、カア、カア、カア、カア」とちゃんと8回鳴いたのである。すごい、8まで数えた!　と思ったのだが、やはり難しかったのか、2度目は途中でめちゃくちゃになってしまった。

というわけで、カラスは人の声を聞いて「返事をする」こともあるようなのだ。

さて、カラスの分布調査をしているとき、プレイバック法という手法を用いることがある。その鳥の鳴き声を流すと、縄張りの持ち主が侵入者だと思って反応するので、いるかどうかわかる、という方法だ。これは縄張り性で鳴き声の発達した鳥一般に有効で、ふつうは録音した鳥の声をスピーカーから流す。だが、カラスの場合、人間が大声でかあかあ言っても、それなりに反応してくれる。実際、調査中にカラスの鳴きまねをしたらカラスも私の鳴きまねをさらにまねしてきて、しばらく「会話」できてしまったことさえある。

ここでカラスの声をまねる方法を少し伝授しよう。よく「カラスの鳴きまね」として無理にしゃがれ声を作ったり、喉の奥から声を絞りだしたりしているが、少なくともハシブトガラスをまねるなら、無用である。ごくふつうに「かあ」と言えば、それだけでかなり似ている。声の高さは男性と女性の中間くらい、私のふだんの声だとちょっと低すぎる。とはいえ、カラスの声の高さは個体によってばらつきがあるので、あまり気にしなくてもよい。一般にオスのほうが大きいので、声も低い。震動部が大きく、共鳴部分も長くなるせいである。ギターの太い弦のほうが低音だったり、トロンボーンを伸ばすと音が下がったりするのと同じ理屈だ。

イントネーションはいろいろあるが、基本的なのは「カア」の「ア」で少し下がる音だ。下がるといっても、せいぜい半音から一音くらいの差である。

いちばんのポイントは、お腹をしっかり使って声を出すことである。ハシブトガラスが鳴くときは体を水平にし、胴体からくちばしまで一直線に揃えて、尻尾を振って空気を押しだしているかのように鳴く。腹からすぽーんと前に抜けるような鳴き方だ。実際、見通しがよくて雑音のない場所なら、1・5キロも離れたところからはっきり聞き取れたことがある。だから、遠慮して小声で「……かあ」などと言ってもまねにならない。まわりに反響してエコーが返ってくるくらい、全力でかあかあ言うのがコツだ。

次に、「カ」と「ア」の間くらいの発音を意識してみよう。ハシブトガラスの声は「カー」のようでもあり、「アー」のようでもあり、どっちとも言いきれない曖昧な音だ。これができたら、あとは本物の声をお手本にして、どれでもまねてみればいい。

縄張りの中であれば、地声でカラスを呼ぶのはそんなに難しいことではない。カラスにしてみれば、聞き覚えのないカラスの声がしたということは、見ず知らずのよそものが縄張りに入りこんで我が物顔に振る舞っている、ということだ。そりゃ怒る。もっとも、カラスは聞き慣れない音を確認しにくることもよくあるので、本当にカラスの声だと思ったのか「何、あの変なの」と思って見にくるのか、それはわからない。しかし、ハシブトガラスが「カアカアカア！」と侵入者を追い払おうとするように鳴きながら飛んでくる場合は、「カラスの鳴きまねで呼び寄せた」と言ってもよいと思う。

これはべつにカラスに限らず、たとえば、口笛でウグイスのまねをすれば、ウグイスが鳴き返してくることはよくある。最初は高い声で「ホー……ホケキョ！」と鳴いていたのが、だんだん接近してきて、低い「ホー……ホケキョ！」に変わるのがわかるはずだ。高い声は縄張りの真ん中で「このあたりは自分のものだ」と宣言する歌、低い声は縄張り外縁部で、近くをうろうろするライバルに対して「入ってくるんじゃねえ！」と警告する声である。

キビタキも口笛で呼べる。キビタキの歌は長くて複雑だが、特徴的な部分を切り取ってまねれば、向こうからやってくることが多い。ただ、縄張りを防衛しているオスはただでさえ忙しいので、無闇(むやみ)にからかうのはかわいそうだ。試してみるなら、ほどほどに。

ハシブトガラスが怒ったときは、「ガララ！」とか「ガー！」と書けそうな声を出す。文字にするとハシボソガラスの声と区別しにくいのだが、発声の方法はだいぶ違う。

まず、上を向いて想像上で軽くうがいをしてみよう。「かららら……」という音が出るはずである。ドイツ語のrの発音がこれとほぼ同じである。南部ドイツ語では巻き舌で「ル」と発音するが、現在、標準ドイツ語となっている北部の発音では喉を鳴らす。大学のときの初級ドイツ語の先生によると、「半分の人はやればできる。残り半分弱は練習すればできる。1割くらいできない人がいるが、ドイツ人でもできない人がいるから、あまり気にしなくていい」だそうである。

これができたら、そのまま前を向いて、腹筋を使って、うんと強く最初の「カ」を発音してみる。すると、喉を通って空気が吹きだす、かすれた音が混じって「ガ」みたいになるはずだ。その後で喉がゴロゴロ鳴る。はい、これがハシブトガラスの威嚇音である。口の開き方を変えると音の感じが変わるので、適当なところに調整してみてほしい。喉を絞るとドスの効いたハスキーボイスになる。本物のカラスがそういう声で威嚇しはじめたら、相当頭にきている証拠だ。

なお、うがいのような「かららら……」という小さな音だが、さらに口と頬をすぼめると「こーろろろ……」という音になる。このふたつはハシブトガラスの、オスからメスへの給餌声である。求愛給餌にも使われるので、ハシブトガラスのメス相手なら「愛してるよハニー」みたいな意味にもなる（と思う）。ただ、この音声はオスからメスへの信号のようだ。とある研究施設で飼育されていたハシブトガラスに「かららら……、こーろろろ……」という声を聞かせてみたことがあるのだが、「はあ?」みたいな顔で首を傾げていると思ったら、その子はオスだった。オス相手にこの口説き文句は効かないらしい。

なお、メス相手なら、野生のハシブトガラスを騙したこともある。このときは聞かせた途端にメスがエサ乞い姿勢を取って「グワワワ」と鳴いた。オスからエサを受け取るときとまったく同じだ。相手も見えないのになぜ?　と思うが、おそらく、反射的な反応なのだろう。ただし、何度もやっていたら途中でハッと我に返ったらしく、エサ乞いを中断して激しく威嚇された。

ハシブトガラスに比べて、ハシボソガラスは鳴かない。ハシブトなら絶対に大騒ぎするだろう、という場面でも、黙っていることがよくある。たとえば、ハシブトガラスの鳴き声をプレイバックしたとき、近くにいたハシボソガラスがサッと頭を逆立てるなり、音もなく飛んできて、こちらの真上にそっと止まったことがある。羽毛を逆立てたまま周囲を見回し、さらに止まった枝をくちばしでカッカッと叩いていたので、明らかに警戒しているし、苛立ってもいたのだろう。だが、その間、一声も鳴かなかったのである。黙って見にくるあたり、寡黙でデキる感じがして、なかなかカッコいい。逆に言えば、ハシボソガラスが鳴きはじめたら、確実に何かが迫っているということだ。

そんなハシボソガラスの声をまねするのは、ハシブトよりちょっと難しい。彼らの声はしばしば「ガア」と書き表すが、実際にはなんと言えばいいか、「ア」に濁点をつけたような音である。周波数を調べてみても、ハシボソガラスの音声はいろんな周波数が混じっていてノイズに近い。

そう思って喉を締めて無理やり声を出してみると、けっこう似た声が出せる。「オア〜ッ」みたいな感じで、途中で音色が変わるようにすると、より似ている。ただ、何度もやっていると喉を痛めそうな声ではある。

カラスが獲物を襲うとき

大学院のころ、京都市の下鴨神社でカラスを観察していたときのことだ。地面を歩いていたドバトの背中に、黒いものが上から飛び下りてきた。ハシボソガラスだった。カラスはドバトの頭上2メートルほどの枝から翼を広げて落ちてくるなり、そのままドバトの背中に飛び乗って押さえつけた。

先ほどから、ハシボソガラスがそっと低い枝に移ってきているのは知っていた。じっと見ている先にドバトが数羽いるのも。だから「やる気かな？」とは思っていたが、こうして捕食の瞬間を見ると、野生は厳しいと改めて思う。ものの喩えではなく、一瞬でもスキがあれば彼らは現実に狙われる、と。

上からカラスが降ってきた瞬間、ハトはとっさに飛んで逃げようとした。だが、翼を広げたところで、翼の付け根を両足で踏まれ、地面に押さえこまれた。カラスはそこからハトの首を狙ってつつこうとしている。ハトが暴れるたびに羽毛が飛び散る。

次の瞬間、ハトはカラスを背中から振り落とし、ドドド！　と羽音をたてて飛び立った。ハシボソガラスは一瞬追いかけようとしたが、追いつくはずもなし。首を傾げてドバトを見送ると、未練があるのか地面に散った羽毛を拾い上げてからポイと捨て、地味なドングリ拾いに戻った。

これはカラスによる鳥類の捕食の、おそらくは標準的なやり方である。頻繁にやるわけではないが、カラスは生きた鳥を襲うこともある。スズメの巣立ちビナを狙ったときも、電線で様子を窺ったあと、真上から飛び下りてきた（見事に失敗したが）。樹洞営巣性の鳥に対しては、ヒナが巣穴から顔を出したところを狙ったり、くちばしを突っこんで探ったりするが、広い野外では基本的に「上から押さえこんでから首筋を狙う」ようである。

とはいえ、「上から飛び下りてきて、うまいこと踏んづけられたら、くちばしでつつき回す」なんてのは専門の捕食者のやり口ではない。猛禽ならば高速で突っこんできて地上スレスレでブレーキをかけながら、翼で獲物を包みこむように着地しつつ脚を伸ばして捕らえる、という非常に高度な技を使うが、カラスにはそんな運動能力はない。また、タカならば鋭い爪を叩きこんで、ハヤブサ科やモズなら後頭部の首の付け根を噛み砕いて、獲物を即死させるが、カラスはこんな武器ももっていない。カラスは鳥や獣を捕らえることに関してシロウト同然なのである。

シロウト同然ゆえに、その仕事は手際がよくない。一度だけハトを捕らえた直後のシーンを見たことがあるのだが、弱々しく羽ばたくハトの背中に乗ったまま、首筋をひたすらガツガツとつつき続け、最後は頭をくわえてグリグリとひねって引きちぎると、ポイと捨てた。殺すまでに何分かかったかわからないが、見ていて楽しい光景ではない。食ったり食われたりというのは、すべてそういうモノなのである。捕食の専門家である猛禽類が「きれいに」仕事を片づけるのは、獲物に逃げられないよう、また反撃されないよう、瞬時に仕留めるべく進化したからだ。カラスはあくまで、「うまくいったら食べることもある」という程度のパートタイムの捕食者である。彼らの足やくちばしは何にでも使える道具であって、鳥や獣の捕食に特化してはいない。

正直なところ、人間の感覚で言えば非常に残酷なシーンというのはある。カラスがハトの巣を覗きこみ、卵をくわえてヒョイと出てくると、「あー、ハトかわいそうになあ」と思うし、小鳥のヒナが襲われれば、無力なヒナや、必死に育て続けていた親鳥に同情もする。その一方、私はカラスの子育ても知っているので、エサ不足で死んでしまうカラスのヒナも、何度も見ている。小鳥のヒナはかわいそうだがカラスのヒナはかわいそうじゃないとか、小鳥のヒナのエサになる虫はかわいそうじゃないとか、自分が食べている魚や家畜のことはちょっとおいておくとか、それはやっぱり不公平である。

無論、こういった不公平や、人間の罪悪といったものを承知したうえで、「やっぱりカラスのあの仕留め方はちょっとなあ」と思うのもまた、自由である。実際、私もそう思う。

同時に、彼らは彼らで生きなくてはいけないのだ、ということも思い出す。

こういったシーンにはもちろん、好き嫌いがある。見るも見ないも自由だ。見るに堪えないものを無理に見ることはない。逆に、見たい、見ておきたいと思ったのなら、べつに止めもしない。ただ、見るにしても見ないにしても、狩る側の事情も狩られる側の事情もわかっておきたいし、失われる命への哀悼も、やっと命をつなぐものへの言祝ぎも、等しくもっていたい。

……などと偉そうなことを書きながら、家に帰って肉でも魚でも平気で食っているのだから、我ながらケダモノであるなあとも思うのである。鳥類学者のなかには「どうも焼き鳥は食いたくない」と言う人もいるが、まるで気にせずムシャムシャ食べる図太い面々も多かったりする。

いや、実際ですね、鶏の胸肉を鍋に放りこんで、ユラユラと煮立ったくらいの火加減で茹でた後しばらく冷ましながら放置し、その横でニンニクとショウガと豆板醤を胡麻油で炒めて香りを出し、鶏肉の煮汁、酒、塩、砂糖、醤油、葱、花椒、黒酢など入れて混ぜ、スライスした茹で鶏の上にかけ回すとじつにうまいのですよ。唐揚げ、鶏わさ、チキンカレー、ソテー、ロースト、フライドチキンに海南鶏飯なども大変、結構である。感謝感謝。

さて、カラスは死肉食者（スカベンジャー）でもある。というか、たいがいの動物は、多少なりともスカベンジャーとしての性質をもっている。「動いていなければエサとは見なさない」とか、「自分で殺したもの以外は食べない」といった極端な動物はむしろ少数派だろう。ヘビだって、飼育下であれば動かないエサ（死んだマウスなど）を食べるようになる。

北海道でエゾシカの死骸に群がるハシブトガラスを観察したときのことだ。見つけたとき、シカはほとんど無傷だった。おそらく、凍死したのだろう。だが翌朝には半身がほぼ肋骨だけになっていた。昼間はカラスやワシなどの鳥類が、夜はキタキツネのような哺乳類が食べ続けた結果である。朝になっても、我々が見ている目の前でキタキツネが凍った肉に噛みつき、力いっぱい踏ん張って引きちぎろうとしているのを見かけた。その周囲には20羽ほどのハシブトガラス。カラスたちがまわりで枝に止まったり、倒木に乗ったりして指をくわえて見ているのは、もちろん、キツネが怖いからである。やがて一羽がピョンと雪の上に飛び下り、チョンチョンと飛び跳ねてキツネに近づくと、キツネの尻尾をくわえて引っ張りはじめた。べつに綱引きの要領で手伝ってやろうというのではなく、「早くどいてよー」という意味だったのだろう。

とはいえ、相手は自分より大きな捕食者である。飛びかかられたら終わりだ。それでもあえてキツネをつんつんするのは、シカの死骸が滅多にないごちそうだったからだろう。キツネに反撃されるリスクのほうが、ここでエサを食えなくて飢えるよりまだマシだと判断しているわけである。

「捕食者が食べ終わるまで待つ」という戦略には、いくつか考えるべき点がある。はたして待っていればエサにありつけるのだろうか？　全部食われてしまったりしないか？　もし待ちぼうけの挙げ句にエサが残らなければ丸損である。無駄に待っていたりしないで、他の場所を探しにいけばよかったのだ。

じゃあ、他を探しまわるべきか。そうやって一日飛びまわって、食パンのかけら一切れ、イワシの頭一個を拾って、それで「よかったよかった」と言えるだろうか？　いくつもの選択肢があって、しかもやってみるまでは結果がわからない、そういう日常を、カラスは過ごしているのである。

さらに、エサにありつけるかどうかは、そのカラス本人の行動だけで決まるわけではない。キツネの様子を窺い、仲間の顔色を窺い、他のカラスの行動とか、そういったものにも大きく左右される。キツネの行動とか、これまでに見つけたエサを思い出し、周辺にどれくらいエサがありそうかを評価し、今日の自分の空腹具合と比べ……。それでやっと、「さて、どうしようかな」と考えられるのである。カラスがやたらに注意深く、しかも考え深げに行動する大きな理由は、おそらく、このへんにあるのだろう。

彼らはそうやって、「行かなきゃ食べられない、でも行ったら自分が食われるかもしれない」という悩みのなかで進化してきた鳥なのである。

抜け毛と濡れ羽色

何かと無精なもので、散髪をさぼりがちである。ボサボサの長髪にしていることも多いのだが、これは決して「髪を伸ばしている」のではない。伸びているだけである。シャワーのあとで乾かすのが面倒だなあ、と思うようになり、双眼鏡を覗くときに前髪が目の前に挟まって邪魔になると散髪を決心する。かくして年に3回くらいは、1000円カットの店に出かけるのである。

さて、誰も散髪してくれない鳥だが、彼らの羽毛はどのように管理されているのか？まず、鳥の羽は決まった長さまで伸びると成長が止まる。考えてみればイヌもネコもそうで、人間の髪の毛のように伸び続けるほうが例外と言っていい。尾長鶏（長尾鶏とも）というニワトリの品種は、尾羽が生え変わらないまま生涯にわたって伸び続けるが、これはそういう突然変異を人為的に固定した結果である。

鳥の羽毛は定期的に生え換わる。これを換羽と言い、少なくとも年1回は換羽するのがふつうである。夏と冬で羽色の違うものは年2回も換羽する。ただし、大型で羽も多い鳥は1年では換羽しきれず、全身の羽毛が新しくなるのに2年かそれ以上かかることもある。

大型の猛禽などがこのタイプだ。

換羽は鳥にとって大変な作業である。一斉にバサッと抜けてしまうと丸裸になってしまうから、羽は少しずつ抜ける。抜けた後にストローのような鞘に包まれた羽芽が伸びてきて、鞘が剝がれ落ちると内部に巻きこまれていた羽弁が広がり、完成した羽毛となって姿を現す。

抜ける順番はちゃんと決まっており、カラスでは初列風切羽［＊］の中ほどから抜けはじめて、次第に翼端に近づく。このとき、カラスの翼はあちこちが抜け落ちたり、伸びている途中だったりで、ずいぶんスカスカして見える。あんな歯抜けな翼で飛べるのかと思うが、平気な顔で飛んでいる。ちょっと不思議なのは、動物園などで飼育されている大型の鳥は、うっかり飛びまわってケージに激突したりしないよう、片側の風切羽を何枚か切っている例が多いことだ。風切羽を切断してしまうと飛べなくなるが、一本まるごと抜けるのは大丈夫らしい。

ちなみに、カモの仲間は風切羽が一気に抜け換わる。彼らは飛べなくても水の上に逃げられるから、そうやって換羽を手早く済ませているのだ。ふつうの鳥がそんなことをしたら、逃げることもエサを採ることもできずに死んでしまう。

体羽も生え換わるが、カラスの場合、胴体はあまり目立たない。一目でわかるのが頭部だ。換羽が始まると頭がハゲハゲになってしまう。頭は抜けると目立つせいなのか、実際にバサッと抜けるのか、ものすごく「薄くなった」と感じるのである。

9月から10月にかけて、頭が換羽している時期のカラスはひどくみすぼらしく見える。「半端に毛の生えたハゲタカ」みたいな顔だ。「うちの近所のカラスがハゲてるんですが、大丈夫でしょうか」と質問されたりするが、ご心配なく。せいぜい1ヶ月もあれば生え換わって元のツヤツヤ、フサフサになる。

縄張りもちのカラスは、繁殖に忙しい間は換羽しない。換羽するのはヒナが巣立って、ちょっと落ち着いたころからである。早くても6月か7月ごろからだろうか。それから抜け換わっていって、頭がハゲるのが秋ごろになる。若い個体だともっと早くから翼の羽を落としていたりする。とくに、生まれて1年目の幼鳥は春から換羽して成鳥羽になるようだ。だが、秋より前に頭がハゲハゲというのは、どうも見た記憶がないのだ。はて、若いやつはハゲが目立たないのか、それとも、ゆっくり換羽して、頭を換羽するのは結局秋になるのか？

ハシブトガラスの頭はとくにフサフサしていて、ふだんはちょっと羽を立てており、遠目にも「ハシブトガラスです」とわかるサインにもなっている。これ、実はなかなかお手入れが大変である。鳥はしょっちゅう羽繕（はづくろ）いをしているが、これは乱れた羽を整えるとともに、シラミを除去するのも目的だ。鳥はくちばしを使って羽繕いするが、どうしてもくちばしが届かない場所が一カ所ある。自分の頭である。だから、ここだけは脚を上げて爪でかく。

カラスのペアはお互いに羽繕いをし合うことがよくある。ペア間の関係を維持する（わかりやすく言えばラブラブでイチャついている）効果もあるのだが、最近の研究によると、実際に寄生虫を取り除く効果もバカにならないとわかった。これはサルの仲間でも同じで、サルの相互毛繕いは社会性との関連で研究されることが多かったが、それだけではなく、やっぱり寄生虫対策としても有効だそうである。

鳥の場合、とくに頭の羽毛の手入れは、誰か他人にやってもらうほうがいいのだろう。ある研究室で飼育されていたハシブトガラスのなかに、片足を怪我している個体がいた。この個体はやろうとすれば自分でも頭をかけるのだが、誰かにやってもらうほうが簡単なので、世話している人が来るとケージごしに頭を差しだして「頭かいて」とやるのだった。かいてもらうと、目を閉じてうっとりしている。「ほら、やっぱりちゃんとやらないから……」とその人が指さしているのを見ると、かき分けた羽毛の根元に、真珠色に光るシラミの卵が見えた。

ちなみに、私もそーっと手を伸ばして頭をかいてみると、薄目を開けてこちらを見た後、「まあいいか」という顔でまた目を閉じてしまった。聞くところによると、初対面で頭を撫でられた部外者は私が最初らしい。ハシブトガラスの頭は適度にふわふわしていて、な

かなか触り心地がよかった。他の個体で胸のあたりも撫でてみたことがあるが、こっちは紗のような光沢があるくせにペタッとして硬く、あまり手触りはよくなかった。おまけに撫でていたら指を噛まれた。

カラスは夏も冬も同じ色だし、年1回の換羽だから夏も冬も同じ羽毛、いわば一張羅を着たままで過ごす。だが、夏羽と冬羽が生え換わる種では、冬には厚着することもできる。一部のカモの仲間では冬羽はダウン（綿毛）がみっしりと生え、寒さに備える。上羽は体を覆い水を弾く、いわば「アウターシエル」であり、その下にある綿毛がまさに「中綿」である。彼らの羽毛の断熱効果は恐ろしいほどで、北国では水から上がって昼寝しているカモの羽についた水滴が凍っていることすらある。40度もある体熱を閉じこめて漏らさず、羽の表面は氷点下なのだ。逆に言えば、寒気は完全に閉めだされているということになる。

それでは温度が高いときにはオーバーヒートしてしまいそうだが、鳥が体熱を逃がす方法はいくつかある。ひとつは呼吸器で、肺や気嚢（きのう）や気管などを通じて口から熱を発散している。カラスが夏に口を開けてボケーッとしているのがこれだ。もうひとつは脇の下の部分を風にさらすことで、このあたりは羽毛が薄く、大きな血管も通っているので、飛んでいるとよく冷える。もうひとつ重要なのは脚で、飛行中に脚を出すか、羽毛の中に引っこめるかで、冷却の具合を変えることができる。もっとも、京都や東京でカラスを見ていると、冬でも脚を羽毛の外に出したまま体にピッタリと沿わせ、お行儀良くチョンと揃えたまま飛んでいるから、この程度の寒さなら脚を隠すまでもないのだろう。逆に、暑くなると脚を少し下ろして風に当てながら飛んでいることもある。どうでもいいが、飛び立った後のカラスが必ず律儀に足をグーにして飛んでいるのは妙にかわいい。

さて、道端でカラスの羽を拾うことがある。羽を斜めにして角度を変えながら見ていると、カラスが単純に黒い鳥ではないことも、よくわかる。角度に応じて青や紫の反射がすっと浮かび上がるからだ。緑がかって見えることもある。

これが「カラスの濡れ羽色（ぬればいろ）」、構造色（こうぞうしょく）による反射である。構造色というのは、色素によらない発色のひとつだ。電子顕微鏡レベルの微細な構造が光を散乱させたり干渉させたり

ハシブトガラス
(フサフサ)

しており、これによって特定の波長の光を作りだしている。身近なところではＤＶＤの記録面の虹色の反射が、やはり構造色である。見る角度によって緑～青～紫と色が変わる虹色の発色も構造色の特徴だが、構造色のすべてが虹色とは限らない。モルフォチョウの翅の金属的な輝きも構造色だが、あまり色が変わらないタイプである。

カラスの羽毛の「地色」は色素（メラニン）によるもので、これはふつうに黒い。その上に構造色による反射がうっすらとのっている。だから、基本的には黒く見えるが、条件によってはキラリと反射する色が見えるわけだ。

鳥の羽毛には構造色を用いたものがよくある（なかでも青い羽毛は必ず構造色を利用している）。タイヨウチョウやハチドリの金属光沢も構造色だ。ミドリカラスモドキという鳥はもっと暗色だが、構造色を使っている証拠に、角度によって黒く見えたり緑に見えたり青っぽく見えたりする。

それにしても、カラスがあれほど真っ黒な理由はよくわからない。

＊――風切羽というのは、翼にある硬い大きな羽毛のこと。翼の輪郭を作っているのはズラリと並んだ風切羽で、これがないと飛べない。

第二章 鳥屋のお仕事

五感を駆使せよ、使えるなら第六感も

学生相手の野外実習。場所は奈良公園。私の担当はシカと鳥だ。シカの話はさっきだいたいすませたので、あとはディア・ライン（シカが立ち上がって届く高さまで葉っぱを食べてしまった跡のこと）を見せて、鳥の話題に入ろう。

歩いていると、足下に藍色に光るものを見つけた。あ、ルリセンチコガネだ。芝の上をセカセカと歩いている。独立種ではないとされているので、厳密にはオオセンチコガネの瑠璃（るり）色のタイプと呼ぶべきだが、面倒だからルリセンチコガネと呼んでいる。この地域のタイプは青い金属光沢があるのだ。地域によっては緑色っぽく光る。シカのフンを集めて幼虫のエサにする、いわば奈良公園の掃除係だ。シカと生態系の関連という点でも、学生に見せておくのがいいだろう。ヒョイと捕まえて指先でつまんで差しだすと、興味津々で覗（のぞ）きこむ学生たち。だが、「いわゆるフン虫」とつけ足すと、サッと引く。「触ってもいいよ」と言うのだが、手を出す学生はあまりいない。

「前足のギザギザに注意ね。これでフンを削り取ったり、穴を掘ったりするから。ところで今、僕の後ろを右から左に小鳥の群れが移動しています。先頭に立っているのはコゲラ、

その後ろにシジュウカラとエナガが10羽くらいかな。あと、あっちの林の切れ目んとこね、あそこにいるのがヒヨドリ、さっきからキーキー鳴いてるやつ。それからちょっと耳を澄まして。ヒヨドリの方角、ずっと遠くにキビタキがいます。奈良公園を代表する夏鳥のひとつ」

こう説明をすると、学生が一瞬、ポカンとしてこっちを見る。なに、一応は鳥が専門だし、非常勤講師で金をもらっている身だ。これくらいの芸当は見せねばなるまい。

種明かしをすると、私はべつに超能力や第六感を使ったのではない。耳のおかげである。学生にセンチコガネの話をしながら、私の耳は背後や遠方の音を捉え続けていた。左後方に突出した位置で「ギイイ」と一声鳴いたやつがいる。「ツピー」「ツッピー」「ツピー、ジュリジュリ」という音声が右後方から聞こえ、次第に左に移動しつつ接近してきている。左前方の林のなかで何かが動き、「ピイイイ」「キイイイ」と声をあげている。お、その向こう、ちょっと離れたあたりで「フィロリ〜」と聞こえたのはたぶんあれだ。ああ、間違いない。「ポッピリリ」が始まった……。これを言葉にして解説しただけである。

「ウォッチング」という言葉に反するようだが、バードウォッチングで鳥を探すときに重要なのは音声である。とくに森の中の場合、鳥を見つけるのは音声が頼りだ。まず耳を澄まし、音を聞いて、相手の位置を推定する。

同時に音声から相手が誰かもだいたいわかるので、その鳥がいそうな場所を目で探す。そして、何か動いたら双眼鏡で捉える。これが標準的なやり方だ。場合によっては鳥の羽ばたく音や、落ち葉をかき回す音が手がかりになることすらある。たとえば、藪(やぶ)の中に座っていると、「ブルル……」と何かが震えるような、かすかな音が聞こえることがある。小鳥が羽ばたいてサッと飛んだ音だ。この音が聞こえるなら、相手はごく近く、おそらく3メートルと離れていないところにいる。ときには笹藪(ささやぶ)の中、ほんの1メートルほど向こうをウグイスが飛ぶ羽音を聞くこともある。

派手な羽音で存在を知らせてくれるのはヤマドリだ。彼らは地上で体を起こし、高速で羽ばたいてドドドドッと音をたてる。これが「ホロ打ち」、ヤマドリの縄張り宣言である。和歌に「ほろほろと鳴く」と歌われているのも、たぶんこれだ。遠くの山から聞こえてくれば「ほろほろ」かもしれないが、近くで聞くと迫力がある。大型バイクの排気音のように、耳の奥や腹の底で直接感じるような重低音だ。また、山を歩いていていきなり目の前からヤマドリがドドドドッと飛びだすと、驚いて飛び上がりそうになる。捕食者を驚かせて一瞬でも逃げる時間をかせぐという意味も、あるのかもしれない。

冬の林床(りんしょう)でカサッ、カサッと乾いた音を派手に響かせるのは、ツグミの仲間だ。だいたいはシロハラかアカハラである。彼らは落ち葉の下に潜んでいる昆虫やミミズを探して食べるときに、くちばしで落ち葉をひっかけて跳ね飛ばす。何もそこまで勢いをつけなくても、というくらい、頭から地面に飛びこむように「えいっ」と突っこんでは「うりゃ！」と弾き飛ばす。ツグミの「ふんっ」と胸を張る姿も特徴的だが、茂みの中のカサッ！　カサッ！　という物音も、「ここにシロハラ（でなければアカハラ）がいますよ」というサインなのである。

現代は情報の時代だ。きわめて大量の情報が発信されて目の前に突きつけられ、情報同士が先を争って「ハイハイこの情報を見て！　見て！」「いやいやこっちのほうが！」と向こうから目や耳に飛びこんでくる世界である。これに慣らされてしまうと、「周囲の環境の中から、自分で情報を見つけだす」という態度を忘れそうになってしまう。だが、自然の中に「テロップを出してリプレイしてＣＭの後にもう一回」なんて親切な情報はほぼ、存在しない。動物たちはそこまで自分を目立たせないものだ。

もし機会があれば、森の中でも水辺でも公園でも、どこでもいい。深呼吸して、体を動かさずに耳を澄ましてみてほしい。目を閉じると、余計な情報が遮断されて集中しやすい。特定の音に神経を集中させていると、周囲の雑音がどれくらい邪魔なものかよくわかるだろう。だが、今は雑音に怒りを覚えたりせず、心静かに雑音の中から狙った音を選り分けてみよう。あるいは、リラックスして周辺全部の音を捉えるつもりで聞くのもいい。音だけでも、世界が立体的で重層的に広がっているのがわかるだろう。枯れ葉の鳴る音、風の唸り、枝葉が揺れる音、自分の身動きした衣擦れの音（意外に大きい）などが周囲を包んでいるはずだ。その中から、鳥の声が届いてくる。目を閉じていても、音声の方向や距離が感じられるはずだ。そうやって世界の様子を聞き取ってから目を開けて「音が教えてくれたあたり」を見れば、そこにちゃんと鳥がいる。

聞き慣れれば、音声だけで鳥の種類がわかる。何種もの鳥が一斉に「ツィーツツピーギイイイジュリジュリシシシシシキョロンチーツーツーピーピョーピョー」と鳴いていても、自動的に耳が選別してそれぞれの鳴き声を捉え、「メジロ、シジュウカラ、コゲラ、エナガ、ヤブサメ、クロツグミ、ヤマガラ、アオゲラ」などとはじきだす。これができるとふつうの人には超能力者扱いされるが、ひとつだけ失うものがある。

朝の鳥のコーラスがすべてパートごとに分かれて聞こえてしまい、まとまった音楽として楽しむことができなくなるのだ。

もっとも、鳥の声を覚えるのはなかなか難しい。おそらく個人差が大きいのだと思うが、私はあまり音声を覚えるのが得意でない。大型ツグミ類の声なんて、すぐにこんがらがってしまう。

初夏のフィールドは鳥のさえずりにあふれている。出だしに「キョロン」と入れるクロツグミも、いい声の鳥だ。だが、出会うと嬉(うれ)しい鳥といえば、オオルリとキビタキが双璧(そうへき)だろうか。

オオルリは文字どおり背中が瑠璃色の美しい鳥だし、キビタキは黒い背中に黄色い胸、目の上にもキリリと黄色い眉、というハンサムな色合い。あまりに特徴的なので、ピンボケの写真でもキビタキにしか見えない。それだけでなく、日本を代表する美声の持ち主でもある。どちらも長く複雑なさえずりなので文字には表しにくいが、オオルリはゆったりと続く歌の終わりの金属的な響きが、キビタキは歌いはじめの「フィロリ〜」と、調子に乗ると出てくる「ポッピリリ」というフレーズが特徴的だ。

ところが、キビタキやクロツグミは物まね上手でもある。彼らは他の鳥の声を歌に組み入れ、レパートリーを増やしたり、歌をより複雑にしたりしている。そのほうがメスに好まれるからだ。だが、鳴きまね部分を中途半端に鳴かれると何だかわけがわからない。キビタキでしばしば聞いたのはコジュケイに似た「チョットコイ」と聞こえるフレーズだ。

笑ってしまったのは、春日大社の観光駐車場裏で鳴いていた、あるキビタキである。機嫌よく鳴いている途中に、一本調子な「ピッピー、ピッピー、ピッピー」という繰り返しが入る。何だか聞き覚えがあるなーと思っていたら、ハタと気づいた。それは、観光バスを誘導しているバスガイドさんのホイッスルの物まねだったのである。

カラスを探すときも、目と耳はフル活用だ。屋久島でカラスを調査していたとき、森の中でかすかな「カツッ」という音が聞こえたことがある。何か硬いものが枝に当たった音のようだ。カラスが枝に止まって爪が当たれば、こんな音がするのでは？　右前方やや上、と見当をつけて探すと、一本の枝が震動しているのが見えた。双眼鏡を向けると、重なり合った枝の間に、細い枝にしがみついてゆらゆら揺れながらこっちを見ているハシブトガラスが見えた。

カラスを「見る」ときも、直接見ているとは限らない。歩いているときに地面を影が横切るのに気づき、サッと顔を上げればカラスがまだ飛んでいるはずだ（ただし、太陽の方向からカラスの位置を予測する必要がある）。車のボンネットに置いたクリップボードに目を落として記録しているときも、フロントガラスに映る景色は要注意だ。目を離しているときに限ってカラスが飛んでくるからである。だが、ここまでしてもしょっちゅうカラスを見逃すのだから、全方位を監視できるレーダーみたいな感覚が欲しいと、いつも思う。

学生実習では「五感をフルに使え、使えるなら第六感を使っても構わない」と教えていた。さすがに「探す」段階で味覚は使わなかったが、残るすべての感覚は使うことがある。識別段階では味覚を使うこともある。ウスノキとカクミノスノキというよく似た植物があるが、葉っぱを噛んでみて酸っぱいのがウスノキ、酸っぱくなければカクミノスノキだ。

触覚としては、チドリの営巣場所の例をあげよう。コチドリとイカルチドリでは、営巣場所の好みが少し違う。イカルチドリは大きな礫のある場所が好きなのだが、それと同時に、「礫が砂に埋められてカラカラに乾いたような場所」と表現できることも多いのだ。

これは見た目でもわかるが、もっと簡単な方法がある。踏んでみれば一発でわかるはずだ。砂州（さす）を歩いていて、ザク、ザクと一歩ごとに足が埋まるような場所は、コチドリ向きだ。これがもっと硬いガチッとした踏みごたえになったら、イカルチドリ向きである。

鳥を探すときはあまり臭（にお）いを使わないが、哺乳（ほにゅう）類相手のときは嗅覚を使ったことも何度かある。キツネやクマはしばしば強烈な臭いを残すが、もっと微妙な臭いも手がかりになる。たとえば、屋久島でニホンザルの調査中、誰だったかと山を歩いていて、妙な気配がすると思ったらシカの臭いが風に乗ってきた。ふたりで顔を見合わせて「シカ？」と呟（つぶや）いた瞬間、谷底で「ピイッ！」というシカの警戒音が響き、ダダッ、ダダッと蹄（ひづめ）で地を蹴って飛ぶように逃げる足音が遠ざかっていった。

もっとすごい人もいる。これも屋久島だったが、サルの群れを追っていると、いかにもサルが好きそうな林があって、どうやらサルはそこで休息していることがわかった。この「いかにも好きそうな」という時点ですでに感覚と経験を総動員しているのだが、具体的に何をどう感じ取っているのかは、自分でもよくわからない。とにかく、私は隣の定点にいたＯさんを無線で呼び、応援を求めた。Ｏさんはヒョイヒョイと川を渡ってくるなり鼻を動かしてこう言った。

「ほんとだ、そこにいますね。サルくさい」

藪の中で一仕事

ホオジロという鳥がいる。スズメくらいの大きさで、色合いもスズメに似ている。どちらも種子類を食べることが多いので、やや太めのくちばしも似ている。ヤマスズメという地方名もある。ただし、ホオジロはスズメ目ホオジロ科、スズメはスズメ目ハタオリドリ科なので、分類上は多少違う。

ホオジロは林縁部や草地の鳥だ。ホオジロが住む場所には必ず、藪がある。歩きにくい、ゴミを捨てられる、犯罪を招く、手入れしていないように見えてみっともない、等の理由で嫌われる藪だが、ホオジロの住処として藪は絶対に必要である。ホオジロだけでなく、アオジやクロジやオオジュリンやカシラダカなど、多くのホオジロ科鳥類は藪を利用する。ヤブサメもウグイスも藪に住む。昆虫も爬虫類も藪に潜むし、視線を地面まで下げれば、藪の下のほうに獣道が通っているのも見える。藪は無用の邪魔ものなどではなく、生物を守る優しい隠れ家なのだ。

ホオジロは藪の際の地面に下りて、草の種子をついばむ。繁殖期にはそのような場所で昆虫やクモを探してヒナのエサにする。営巣場所もやはり、藪の中だ。

河川生態系の研究グループに参加して、河川敷の鳥類相（ちょうるいそう）を調査していたとき、ホオジロの巣も探すことになった。ホオジロは素直な一夫一妻で、小さな縄張りの中に2羽で暮らしている。オスは高い草やヤナギの上などに止まって、きれいな声で元気よくさえずる。「一筆啓上（いっぴつけいじょう）つかまつり候（そうろう）」と聞きなされるが、実際には無理に聞きなしても「一筆啓上つかまちゅちゅち」くらいだった。噛みまくりだ。このさえずりを元にオスの縄張りを割り出し、縄張りのなかで「いかにも」巣を作りたそうな藪の塊に狙いを絞ってそっと近づくと、オスが心配そうに「チュチチ」「チュチチ」と鳴きはじめる。ここで耳を澄ましていると、かすかな「チチョチョ」という声が聞こえる。メスが警戒しながらも返事をしているのだ。ごく小さい声なので方角を捉えにくいが、神経を研ぎすましていれば、どの藪なのかわかる。

　ここで「待ってました」と藪に踏みこんではいけない。ホオジロの巣はうんと低い場所にある——ときには地上50センチもない——こともあり、気づかずに踏みつぶしてしまう恐れもあるからだ。そっと藪を分けて覗きこむと、さすがに耐えきれずにメスが逃げだすので藪がカサカサと揺れる。それをターゲットにして探すと、草の間に枯れ草で編んだ浅いカップ状の巣がある。直径は10センチあるかなしかだ。

　木津（きづ）川のホオジロの巣はたいがい、イバラの藪の中にあった。かき分けるのも、覗きこむのも、生傷覚悟である。低い位置を探そうと膝をつこうものなら、ズボン越しにトゲが突き刺さる。あわてて手をついて膝を浮かせると、今度は掌に刺さる。避けようとすると腕に刺さる。のけぞると背中に刺さる。調査のためにサバイバルゲーム用の匍匐前進プロテクターでも買おうかと思ったくらいだ。

見つからないからといって、いつまでも探すのもNGである。抱卵中の親鳥はあまりにも怖い目にあうと巣を放棄してしまう。捕食者に発見されたらどうせ卵は食べられてしまうし、自分だって狙われる恐れがあるからだ。そんなケチのついた巣は捨てて次の産卵に賭けよう、と判断されたら、その巣はおしまいである。だから、調査のためにどうしても必要な場合でも、なるべくサッと探してサッと引き上げるのがマナーだ。放棄されてしまったら調査にもならないわけだし。

なお、どの程度脅かすと巣を放棄するか、は種によっても違う。チドリはつねに外敵が接近するせいか滅多なことでは放棄しなかったが、キジバトは人がヒョイと覗けるような庭木に営巣するくせに意外と神経質なところがあり、すぐに放棄してしまう個体もいる。

ヒナがいる場合は、そう簡単に巣を捨てることはない。おそらく、卵だけでは刺激に乏しく、「なんとしても抱かなくては」というモチベーションに欠けるのだろう。ヒナならば口を開け、翼を震わせ、声を出して「世話してくれなきゃ死んじゃう」とアピールするからである。ただし、巣立ちが近いヒナを脅すと、今度はヒナが巣から飛びだしてしまうことがある。一日早い程度ならなんとかなるだろうけれど、地面に落ちて雨に打たれてしまったり、他の動物に襲われたりしたら死んでしまう。不運なヒナが死んでしまうのも自然の摂理ではあるけれど、自分のせいでそうなったと思うと寝覚めが悪い。だからヒナが大きいときも、それはそれで気を使う。

さらに、やたらに踏み跡をつけておくと、他の動物がこれを辿ってくることがある。せっかく巣を守るイバラの城壁ができていたのに、侵入路を作ってしまうわけだ。だから、無闇にあたりを踏みつぶしてまわるのもよくない。

営巣調査は前もって念入りに狙いをつけておいて素早くやらねばならず、トゲごときにひるんでいてはならないし、必要以上に草むらを踏み荒らしてもいけない。あと、カラスがこっちを見ているときも要注意だ。人間の動きを手がかりにして巣を探し当ててしまうこともあるらしいからだ。ある研究者が草原でキジの巣を調査したとき、巣を発見するたびにカラスに捕食されてしまった例があって、これは「カラスは人間の動きを見て巣を探していたのでは」と言われている。

というわけで、せいぜい数分で巣探しをキメるためには、四六時中ホオジロを見て、どこで何をしているのか、どこを集中して守っているのか、どのあたりをわざとらしく知らんぷりしているのか、といった、呼吸というか間合いというか、そういうものを計る必要がある。フィールドワークでいちばん難しいのは、これなのだ。

信州のN先生が千曲川の現場を見渡して「うん、あのへんを探せばいいんじゃないかな」と言えば、必ずそこに未発見の巣があったという。シロチドリの研究をしていたHさんは砂州をざっと眺めて少し歩き、「わしがシロチドリやったら、ここに産むけどなあ……」と呟いた直後に「お兄さん、巣あったわ」と地面を指さした。ウグイスの専門家である別のHさんは「ここが良さげですね。僕がメスなら、ここに来ますね」と宣言して網を張り、1時間で3羽のメスを捕獲した。さらに、「次にいいのはあそこですかね……」と呟いた場所でも、狙いすましたように捕獲した。こういう信じられない技をもっているから、老練なプロは恐ろしいのである。釣り師や猟師が獲物の動きを読むのと同じ、「相手の気持ちになりきって行動を予測する」ような特殊能力があるとしか思えない。実際には経験を積むことで判断できるようになるのだろうが、こればかりは勘と場数の問題で、勉強したから身につくというものではないだろう。

ホオジロの巣を探すのはそれほど苦労しなかったが、大変な目にあったのはウグイスの巣である。調査地ではあちこちでウグイスがさえずっており、メスの笹鳴き（「チャチャチャチャッ」という地鳴き）も聞こえるので、繁殖している可能性が高いと判断できた。だが、一般にウグイスは山地の笹藪で繁殖する鳥だ。調査地は河川敷で、標高はわずかに海抜20メートル。こんなに低い場所での営巣は記録がない。感覚的には平地にもいるような気がするが、きちんと探して報告しておく価値はあるということで、営巣を確認するための調査に踏みきった。

（こういう、漠然とそうだと思っているが、ちゃんとした記録がないという事柄は意外に多い。たとえば論文に「ウグイスは低地でも繁殖している」と書こうとすると、その根拠となる文献がどこにもない、なんてこともある。さりとて「繁殖しているという（松原私信）」とか「繁殖している（松原　未発表）」なんて書くのも客観性が担保されるような、されないような感じで、論文の質が下がりそうだ。そういうわけで、「なんで今さら」と思うような内容でも調査して報告する価値はある。）

ところが、前述のウグイスのHさん、さらにKさん夫妻にも来ていただいて、専門家3人という贅沢（ぜいたく）な体制で探しまわったにもかかわらず、ついに巣を見つけることができなかったのである。そこには明らかにウグイスのメスがいて、巣立ち直後のヒナまでいたのに、だ。ヒヨドリの巣、ホオジロの巣、モズの巣、エナガの巣まで見つかったが、ウグイスの巣だけが見つからない。ウグイスの巣は直径10センチ、高さ15センチほどの卵形で、上のほうの側面に出入り口がある。枯れ草で編んであるとはいえ、比較的大きなモノなので目に入らないということはないはずだ。専門家が口を揃（そろ）えて「いや、こういうところにあるはずだ！」と言い、「ひょっとしたらこっちかも？」というところを探し、ふつうは入らない……いや、ふつうでなくても入らないイバラの中にまで潜りこんで探したのだが、それでも見つからない。ついに専門家も「これはもう、予想もつかないところにあるとしか考えられない」と断言した。

一応、巣立ち直後のヒナを確認して写真も撮ったので「繁殖しているのは間違いない」という論文になったのだが、このときの巣がどこにあったのかは、今もって謎である。

その3年ほど後のある日、同じ調査地でホオジロの巣を探しているときに、私はついにウグイスの巣を発見した。イバラとセイタカアワダチソウとヤナギとセイタカヨシが入り混じった、薄暗いがまばらな藪の中に、忽然（こつぜん）と丸いものがあったのである。どう見てもウグイスの巣だ。ほぼ同時期に3キロほど離れた砂州でもKさんが巣を発見していた。そちらの巣もふつうにヨシの中にあり、Kさんは「なんで今まで見つからなかったんだろう？」と首を傾（かし）げておられた。その理由は、さっぱりわからない。

絶対入りたくない場所も仕事場

前節でも触れた河川生態の調査地は広い河川敷だった。ツルヨシが茂り、春ともなれば「ピシ……パキ……」と音をたてて葦芽（あしかび）がメキメキと伸びていた。これが人の背丈を越えるほどに育ち、ヨシ原の中に熱気がこもりはじめるころ、東南アジアから騒々しい鳥がやってくる。オオヨシキリである。

オオヨシキリは大雑把に言えばウグイスの仲間だが、もっと大きい。頭の羽はヒヨドリみたいに突っ立っている。ヨシの茎をガシッとつかんで止まり、大声で「ギョギョシ、ギョギョシ、ギョギョシ、ゲゲゲゲゲ」と叫ぶ。朝から叫ぶ。昼も叫ぶ。夕方も叫ぶ。夜になってもまだ叫んでいる。川原で徹夜の調査をしたときに、一晩じゅう鳴いていたのを確認済みだ。初夏の風物詩ではあるが、いささか声がでかい。

オオヨシキリの配偶システムは同時的一夫多妻で、一羽のオスのところに複数のメスが来て交尾する。メスはオスの縄張りの中、というか周辺、で産卵し、子育てする。要するに広い敷地があって、母屋と離れと別棟に本妻と愛人と妾を住まわせているようなものだ。オスは正妻さんの子育てはちゃんと手伝うが、愛人の子育てはそれほど手伝わない。3号さんとなるとほったらかしである。

ところが性比に大きな偏りはないので、一方ではモテモテのリア充すぎるオスがいて、他方ではメスにあぶれた独身オスが虚しく鳴いている、ということになる。なんでこんなことになるかというと、オオヨシキリの繁殖成功は縄張りの質に大きく左右されるからである。

エサが豊富で、外敵からも洪水からも安全な場所が一等地だ。こういう縄張りを保持しているのが、人間で言えば大金持ちで勝ち組のオトコ、ということになる。メスはなるべくこういう縄張りに行きたがる。もちろんオスの資質を見ていないわけではなく、いちばん乗りして良い縄張りを構え、大声で鳴き続けられるタフなオスは当然、良い遺伝子をもったオスでもあるはずだ。この遺伝子は息子たちにも引き継がれ、将来、タフでモテモテなオスとして繁栄してくれることが期待できる。

だが、いくら金持ちでも愛人は愛人。オスに放置されるよりも、周りにいくらでもいる独身オスの縄張りに行って正妻になり、ちゃんと子育てを手伝ってもらって、つましいながらも真面目(まじめ)に暮らせば？　と思ってしまうが、じつはここに冷徹な現実がある。縄張りの質が極端に違う場合、大金持ちの2号さん3号さんのほうが、貧乏人の正妻さんよりも条件が良いという場合が出てくるのだ。これが、一夫多妻が進化した大きな理由である。


さて、私はここでオオヨシキリの調査もやることになったわけだが、それまでオオヨシキリを見たことはあっても、巣を探したことはなかった。知識としてヨシの茂みの中にあるカップ状の巣、ということは知っているが、はてさて、いったいどこにあって、どんなふうに見えるものなのか？　ただ漠然と「ヨシ原」と言っても、いざ踏みこんでこまめに探そうとすると絶望的な広さである（とはいえ、木津川程度の広さはまだマシで、広大なヨシ原で調査するカヤネズミの研究者はGPSを持っていないと本当に危ないらしい）。

オオヨシキリはあっちでもこっちでもギョシギョシ鳴いているが、鳴いている場所はソングポストであって、巣の位置を示すわけではない。巣の真上で大声出して目立つのはアホすぎる。つまり、微妙に外したところが、巣であるはずだ。

……微妙に外すって、どっちへどれくらい外すんだ？　まったくわからない。かくなるうえは、自分の勘を信じてヨシ原に踏みこむしかあるまい。

風の通らないヨシ原の中をかき分け、汗だくになり、泥にはまり、川に落ちそうになり、ヨシの葉で手を切り、茎のトゲが腕に刺さりまくり、ときにはでっかい黄色い毛虫に遭遇し、やっっっと見つけたと思ったらカヤネズミの巣で、挙げ句の果てにヨシ原の真ん中で迷子になりかけ、結局オオヨシキリの巣は見つからないまま1週間ほどが過ぎた。一日の調査が終わって大学に行くと教授に「おう、めっかったか？」と聞かれるのだが、そのたびに「すいません、見つかりません」と答える。「あんだけ鳴いてて繁殖してねえってこたぁねえよな？」と念を押されれば「見つからないだけだと思います」と答えるしかない。

そんなある日、「アンタが絶対入りたくねえ、あんなとこ行きたくねえってとこ探してみな。そういうとこに巣があるから」と教授に言われた。なるほどそういうものか、そりゃ捕食者が来ないところがいいもんな、と思い、さっそく試してみることにした。

翌日は雨だった。調査地は中州なので、増水すると非常に危ない。水量が増える前に、手っとり早く終わらせたい。梅雨（つゆ）の蒸し暑さの中、カッパを羽織ってヨシ原の中に入る。昨日このあたりで何かくわえたオオヨシキリを見かけたから、きっとこのへんにある、はず！　あるって決めた！　なかったらもう帰る！

雨のヨシ原はひときわ蒸し暑い。風は通らないくせに雨は落ちてくるので髪がビショビショだ。視界が遮られるし音も聞こえなくなるから、フードは被(かぶ)っていない。とはいえ、これで雨が上がると今度はものすごい湿気が立ちのぼって蒸し風呂になるわけで、雨の最中と雨の後、どっちがマシなんだか。

顔の汗だか雨だかをぬぐいながら、「絶対行きたくないとこ、絶対行きたくないとこ」と考えて、通りにくいほうへ通りにくいほうへと足を進める。この先はもうすぐワンド(湧き水や透水層があって入り江になっているところ)だ。あまり踏みこむと水に落ちる。っていうか足下がすでに水っぽい。あ、すぐそこに水面。ブラックバスの子どもが逃げていく。深くはないのだろうが、こんなどんよりした水底に足を取られて溺れるのはイヤだ、という妙な恐怖にとらわれる。

その瞬間である。ほんとに目の前に、忽然と現れたように、オオヨシキリの巣があった。まさに目の高さ。揺れる葉っぱの向こうに、明らかに鳥の巣とわかる、枯れ草を編んだ構造が見える。直径15センチほど、高さはもう少しあるだろうか。ヨシの茎を何本か取りこむように編んで、茎の途中に固定してある。

覗きこむと中には卵が1個。まだ産みはじめだ。すると、昨日の何か運んでいた個体は何をしていたのだろう？　産卵開始の直前まで巣材を運ぶものなのか？　カラスならそんなことはしないが。してみると、ほかに巣を作っているメスがいるのだろうか。あるいは、

ヒナにエサを運んでいるメスが。つまりこの付近には少なくとももう一個、巣があるということか？

　そう思って、まっすぐ砂州に出ずにヨシ原の中を歩いてみた。そしたら、わずか数分で次の巣が見つかった。巣探しとはこんなものだ。１個目を見つけるまでがものすごく大変で、１個見つけて目が慣れてしまえば、次々と見つかる。

　目が慣れる、というのを動物行動学では「サーチング・イメージ（あるいはサーチ・イメージ）が形成された状態」と表現する。視界にあふれる情報の中から、特定の形や色に素早く反応する状態だ。名簿に並ぶ人名の羅列から自分の名前だけを素早く探せるのも、人ごみのなかで友人の顔を探せるのも、サーチング・イメージと関連している。

とにかく巣は見つかったので、急いで流路に向かって砂州を歩いていたら、いつもオオヨシキリを見かけるあたりでヨシの中から飛びだしてきた個体がいた。あのヨシの高さと密度、茂り具合、これは巣がある！　と思って踏みこむと、案の定、巣があった。これで3巣。昨日までの空振りが嘘のようだ。

さあ、増水しないうちに川を渡って戻ろう。そして教授に「見つけましたよ！」と報告しよう。「おう、当たり前だ」と言われるだろうけれども。汗だくで、切り傷だらけで、髪どころか首までビショビショで、穴のあいた長靴のせいで足もズブ濡れで枯れ草まみれで、腕にはいろんなトゲだか何だかが刺さっていても、この日、意気揚々と大学に向かう私は幸せだった。

ただし、そんな小汚い奴と電車で乗り合わせた他の乗客がどう思ったかは、私の知るところではない。

足下にも注意！

チドリことはじめ

砂州に特有の鳥に、チドリ類がある。チドリはせいぜいまばらに草が生えるくらいの、裸地っぽい環境でなければ繁殖しない鳥だ。日本で裸地が自然に存続するのは非常に難しく、放っておくとすぐ植生が発達してくる。例外は海岸と河川敷で、定期的に水が押し寄せ、砂礫が削られたり堆積したりすることによって植物が除去され、裸地が維持される。だから、チドリが繁殖するのは河川敷と海岸である（造成地にもやってくるけれど、あれも一時的な裸地だ）。

鳥の巣というと木の上に草や枝を編んで作ったお椀形のもの、というイメージがあるが、チドリの巣はまったく違う。彼らは砂礫に覆われた裸地をわずかに掘り下げ、皿形の窪みを作ってそこに産卵する。基本的に、巣材はない。だから一目で巣とわかるような構造は見えない。しかも、卵は青灰色や淡褐色の地に斑点があり、地面ときわめて紛らわしい色をしている。

私が河川生態の調査に関わった木津川では冬の間もイカルチドリが越冬しているが、春になるとコチドリがやってくる。イカルチドリはやや大型で、河川の中上流域に多い鳥だ。コチドリはもう少し小さくて模様がくっきりしており、目のまわりの黄色いアイリングが目立つのが特徴だ。河川中流から下流、海岸まで見られる。調査地は中流域で、２種とも見られた。

さらに数年間はシロチドリも来ていた。シロチドリは基本的に海岸の鳥で、内陸には滅多に入ってこない鳥だが、木津川では観察例がある。シロとつくだけあって、とくに夏羽のオスは輝くばかりに白く、目元や首にシャープな黒いラインが入ったハンサムな鳥である。メスは地味だ。

さて、木津川にはチドリがたくさんいた。2羽でペアになっていたり、何やら意味ありげに「ピュイ！　ピュイ！」と鳴きながら頭上を飛びまわったりするので、繁殖しているのだろうと考えられた。だが、巣がまったく見つからなかった。というより、どうやって巣を探せばいいのかもわからなかった。だいたいチドリの巣なんか見たことがない。探しても探しても見つからず、教授には今回も「あんだけいて繁殖してねえってこたぁねえよな、見つけてねえだけなんじゃねえの」と言われ、またしても、「はい、そう思います」としか言いようがなかった。

で、翌年である。この年はチドリを集中して観察することに決め、肚をすえてチドリを見ることにした。巣探しもへったくれも、自分はチドリについて何も知らないのだから、まずドッカと座って相手を見ることに専念したのだ。カラスのときと同じだ。

そうやって見ていると、コチドリはかわいらしくもあり、じつにヤンチャな鳥でもあった。汀線をツツツ……ツツツ……と走っては地面から何かをついばむ。顔をあげて「ピュイ、ピュイ」と鳴いて、また走る。右に左に進路を変えながら走る姿は、まさに「千鳥足」だ。近くに他のコチドリが来ると羽をふくらませ、首をピョコピョコと上げ下げして威嚇する。しまいには突っかかる。2羽がすごい勢いでチョコマカと走りまわり、また別れては採餌(さいじ)を始める。そうかと思うと別のチドリに近寄っていき、何やらアピールするように周囲をまわってタン、タン、タンと足踏みを繰り返す。どうやら求愛行動らしい。そのうち、小石の間に座りこんで目を閉じてしまう。腹の白い部分が隠れると見えるのは背中の茶色だけだ。しかも黒いラインが入っているので、分断(ぶんだん)効果を発揮して鳥のシルエットに見えない。

分断色とか分断効果というのは、動物の隠蔽色(いんぺいしょく)のひとつだ。体の途中にはっきりしたラインがあると、この線が輪郭のように思えて、シルエットが複数の塊に分断されて見えてしまう。すると本来の形が把握できないので、たとえ視界に入っていても、その動物がいることに気づかない。そうやって捕食者や獲物の認識を混乱させ、見つけられにくくするのが分断色だ。

チドリの背中は地面のような褐色で、頭や首に黒いラインや白色部があり、よほど注意していないと見失ってしまう。この、目を通る黒い線もくせものだ。鳥によくあるこういう線は過眼線(かがんせん)といい、目がどこにあるかわからなくなる。目が見えれば、それを手がかりに「目があるということは動物で、あそこが顔だから……」と判断しやすくなるのだ。

この調査は双眼鏡だけでは到底無理で、高倍率の望遠鏡が必須となった。だが、望遠鏡は視野が狭く、双眼鏡なら捉えられる（が、はっきりとは見えない）チドリが、望遠鏡の視野に入れられない。望遠鏡で狙おうにも、肉眼で探そうとするとまったく見えない。このときは天体望遠鏡のようなスコープファインダー（視野に十字線の入った低倍率の照準用望遠鏡）が欲しいと思ったが、ないものは仕方ないので、なんとか練習して狙ったポイントに向けられるようにした。ついでにエアソフトガンから外した照星と照門を接着してみたら、多少は狙いやすくなった。ちなみに私の望遠鏡は細引きとスナップリングを組み合わせ、右肩から下げたまま手持ちでも構えられるようにしてあったのだが、構えた姿は完全に「銃」である。密猟と間違われそうだ。

さて、そうやって毎日チドリを眺めていたら、あるコチドリが突然、内陸に向かってトトト……と歩きだすのを目撃した。これはもしかして？ と思ってじっと見ていると、チドリは千鳥足で走っては止まり、走っては止まりながら水際を離れ、30メートルほど内陸側へ入りこんでいく。そこでヒョイと地面に伏せて動きを止めてしまった。あそこが巣なのか！ だが、じっと我慢して見ていると、また立ち上がってツツ……と歩きだす。少し歩くとまた地面に座る。今度も巣ではなさそうだ。「卵を抱いている」という感じがしないからだ。思ったとおり、また立ち上がって歩きだす。

チドリはまだ止まらない。三脚に乗った望遠鏡と違い、双眼鏡を構える腕が疲れてくる。だが、望遠鏡に切り替えることはできない。見失ったら二度と発見できないかもしれない。早く記録もしたいが、今はノートに目を落とすのも危険だ。

そうやって歩いていったチドリが、ヒョイと足を止めた。周囲を見回すと足下を覗きこみ、何かをまたぐように脚を広げて、よっこいしょと座りこんだ。座りこむときに腹の羽毛を広げ、何かに被せるようにワシャワシャワシャ、と体を左右にゆすったのも見えた。

これか、これが巣なのか？　あれは卵を抱くために羽毛を広げたのか？

用心しながら望遠鏡を向け、何とか視野に入れると、チドリはまだちゃんとそこにいて、石の間に座っているのが見えた。ときおり、くちばしを胸の下あたりに差し入れて何かチヨコチヨコといじっている。これは転卵（卵の中で発生中の胚が殻にくっついてしまわないよう、ときどき転がして向きを変えること）か？　5分、10分。チドリは動かない。どうやら、あれが巣だ。

その巣はどこだ

よし。巣の位置は判った。だが、どうやって近づくのか？　目標も何もない茫漠とした砂州の中の一点が巣なのだ。

しばらく考えこんで、とにかく場所を絞りこむしかないと決めた。まずは方角だ。この観察地点を起点として、チドリの巣の向こうに鉄塔が見える。だから、ここから鉄塔に向かって歩いていけばよい。では距離は？　双眼鏡で見ると、巣の手前に空き缶が転がっているのが見える。その奥にペンペン草が生えている。巣の向こう、左寄りにはカワラヨモギが見える。つまり空き缶があったら要注意で、その先のペンペン草とカワラヨモギの間にあるということだ。よし、行ってみよう。

観察していた草むらから下り、鉄塔に向かって歩きだす。歩きだしてすぐ、空き缶すらどこにあるのかわからないことに気づいた。やばい、巣を踏んづけたらコトだ。空き缶、空き缶……。

双眼鏡で探すとかなり先に空き缶が見えた。チドリはもう逃げてしまったのか見えない。空き缶の位置を視野に入れ、そこに向かって歩く。ときどき視線を上げて、鉄塔の方角からズレていないのを確かめる。もう少し右か。振り返って双眼鏡で確認すると三脚にすえた望遠鏡が見える。望遠鏡と鉄塔を結ぶ線上に自分がいるから、方角は合っている。

やっと空き缶までたどり着くと、今度はペンペン草が見えない。望遠鏡や双眼鏡では視界が圧縮されるため、距離感がまったく違って見えるのだ。思ったより遠かったらしい。しかも水平方向から見るのと、近づいて見下ろすのでは同じ草でも見え方が全然違う。えーっと、どんな草だっけ？

心配なのでもう一度望遠鏡まで戻り、確認しなおす。よし、途中まで自分の足跡が残っているのが見える。合ってる。ペンペン草はあれか。一本まっすぐ伸びて、右にもう一本出ているのが特徴か。

ふたたび、歩きにくい砂州をざくざくと歩いていき、頭に叩(たた)きこんだ特徴に合致するペンペン草を見つけた。その先のカワラヨモギは……あれか。かなり先だ。ということは、ここから幅1～2メートル、奥行き10メートルくらいの範囲に巣があるということか。

一歩ごとに足下を確認しながらそっと歩を進める。気づかずに卵を踏みました、なんてアホなまねは絶対にしたくない。ちょっと横にずれたほうがよさそうだ。だが下手にずれると方角を間違うかも……と思っていたら、カワラヨモギまで来てしまった。おかしい。振り向いて方角を確認する。いや、合っている。見逃しただけだ。じっくり、石のひとつひとつを舐めるように見つめながら、引き返す。

そのとき、突如として小石のいくつかが私の認知のなかで違う形をとった。なめらかな卵形が3つ、コロンと並んでいるのが見えたのだ。これだ！　これがチドリの巣と卵だ！

初めて見るチドリの卵は淡褐色で、暗色の斑点が散っていた。表面には艶がなく、まるで石ころそのものだ。同じ大きさの石が3つ、キチンと並んでいるのが何か妙だと思わなければ、見つからなかっただろう。

それと、目についたのはもうひとつある。巣の周囲に小石が並んで、土嚢を積んだ陣地みたいになっていたのだ。これは後でわかったが、チドリの親は巣を作るとき、胸を地面に押しつけながら足で砂礫を蹴飛ばしつつ回転する。そうやってきれいな皿形の窪みを作るのだが、蹴りだされた小石が巣の周囲を縁取るように残るのである。この、小石に縁取られた、不自然に円い窪みもチドリの巣の特徴だ。ただし、卵を全部産んでしまうと窪みが見えにくくなり、巣の形を手がかりに探すのは難しくなる（チドリはだいたい卵を4個

産む)。また、チドリは巣を作りかけてはやめることもあるので、窪みがあったからといってそれが本当の巣だとは限らない(ついでに言えば、自然が作りだす窪みというのもあるのでよけいにややこしい)。

さて、こうやって巣を一つ見つけたので、だいたい探し方がわかった。画期的(?)だったのは、望遠鏡を方角確認装置として使う方法を思いついたことだ。まず、巣を望遠鏡の視野のド真ん中に捉えておく。そしてチドリの巣を探しにいって不安になったら、振り向いて双眼鏡で望遠鏡を見てみる。もし自分が望遠鏡の視野内にいれば、望遠鏡の接眼レンズから入った光が対物レンズにまっすぐ抜けるので、対物レンズが明るく見える。角度がずれていると対物レンズが暗くなる。しゃがんだ状態で対物レンズが明るく見えるようなら、巣が近い証拠だ(望遠鏡は地面にある巣を狙っているので、地面近くから見

ないと望遠鏡の光軸に乗らなくなる）。これでかなり効率がよくなった。

一方で問題もあった。見つけたときはよいのだが、翌日、それどころか一度でも目を離してしまうと同じ巣が二度と見つからないのである。何か目印が必要だ。

最初は適当な石にピンク色のテープを巻いて目印にしていたのだが、これはマズいのではないかと気づいた。誰かが川原に遊びにきたとき、わざとらしくテープを巻いた石があるとかえって注意を引いてしまうのである。チドリの巣があることには気づいていないと思うが、巣の近くに人間が滞在していると巣を放棄してしまう恐れがある。そこで、その場にあっても不自然ではなく、かつ誰も触りたがらないものということで、そのへんに捨ててある空き缶を使うことにした。幸か不幸か、川原にはしばしば空き缶が落ちているのだ。だから、調査のときは

「コチ　6」などと書いた空き缶が砂州に立っていたわけである。また、当初は巣のすぐ近くに目印を置いていたのだが、万が一にもカラスが目にして興味をもってはいけないと考え、一定方向に2メートルずらすことにした。

チドリの敵は誰か

そう、カラスなのだ。苦労の末に初めて発見したコチドリの卵は、目の前でハシボソガラスに捕食されてしまった。発見して数日後、いつものように観察していると、巣の真上を通ってハシボソガラスがすーっと舞い下りてきた。そして砂州に着地すると、クルッと振り向いてトコトコと歩いて戻ってきた。コチドリの親は巣を飛びだし、ハシボソガラスの前に立ちふさがって、片翼を地面に垂らして引きずりながら歩きはじめた。擬傷（ぎしょう）行動と呼ばれる、自分をおとりにして捕食者の注意をそらす行動だ。だが、ハシボソガラスはまったく目もくれず、「はい、邪魔、邪魔」と言わんばかりにスタスタと歩いていくと、「たしかこのへんだったんだけどなー」とでも言うように地面を見回し、あっという間に巣を見つけてしまった。そして卵をひとつくわえ上げると、その場で割って食べた。次の卵はくわえたまま歩いていって、砂の中に埋めた。それからまた戻ってくると、3つ目の卵もくわえて飛んでいってしまった。この巣は瞬時に全滅したのである。

さすがに、このときは「頼むからやめて」と思った。念のために言っておくが、私はカラス「も」好きなのであって、カラスだけが好きなのではない。チドリを見ていればチドリに情がうつるのは当然だ。砂州の表面温度は夏となれば50度以上になる。観察しているこちらも、3リットルは水を持っていないと脱水症状を起こしかねない。この炎熱の中、チドリの親は腹を水で濡らしてまで卵を守り続けるのである。

だが……私はそのハシボソガラスの巣がどこにあるかも知っていた。巣の中には2羽のヒナがいることも知っていた。巣から首を伸ばしてエサをねだっているカラスのヒナの顔も知っていた。数日前までは、そのヒナが3羽だったことも。だから、カラスのヒナとチドリのヒナ、どちらに肩入れすることもできず、私はただ傍観者の立場を守るしかなかった。

チドリの敵はカラスだけではない。卵の消えた巣の近くにイタチやタヌキの足跡を見かけたことがあったし、砂州にはテンとキツネもいた。散歩にくるイヌもたくさんいたし、野良ネコを見かけたこともある。また、アオダイショウがわざわざ川を泳ぎ渡ってまで砂州に現れたのも見た。夏の砂州はヘビにとっては暑すぎるし、身を隠す場所もないから危険なはずだが、おそらく、チドリの巣を狙いにきていたのだと思う。

それだけではない。人間の活動も、チドリにとっては大敵だ。木津川には多数の砂州があり、なかには自動車が乗り入れられる砂州もある。明日か明後日には孵化（ふか）するな、という日、コチドリの巣を確認にいったら、巣の方向にタイヤの轍（わだち）が伸びていたことがあった。この、刻みが深いブロックパターンはオフロード用タイヤ。オフローダーが浅瀬を渡って中州にまで乗り入れてきたのだ。頼むから踏むな、タイヤの幅さえクリアしてくれればいいんだ、またいで通っていてくれ……。そう祈りながら行ってみると、目印がタイヤに踏まれて半分砂に埋まっていた。そして、その少し先に、踏みつぶされた卵があった。いや、砂まみれになって踏みつぶされた孵化直前のヒナに、砕けた卵殻がへばり付いていた。

木津川のいくつもの砂州を調査したところ、人の利用が少ない場合には、砂州の面積が大きいほどチドリがたくさんいた。散歩や、ちょっとした水遊びにきている人がいる程度では影響はないようだ。だが、オフロード走行やキャンプやバーベキューで人間がつねに滞在し、ヘビーユースにさらされる砂州の場合、面積が広くてもチドリは少ない。チドリの繁殖期と行楽シーズンがモロに重なることもあり、人間の活動はチドリの繁殖に大きな影響を与えているのである。

もちろん、「チドリのために河川で遊ぶな」などと言うつもりはない。川が教えてくれること、川辺から得られる楽しみは計り知れないからだ。だが、人間の目にはただの不毛な砂礫地としか見えない場所が、チドリにとっては重要な営巣環境であり、ひょっとしたら「そこに巣がある」ということにすら気づかないまま卵を踏んでいるかもしれない、踏まないとしても巣の近くに自分がいて、親鳥が必死になって警戒声をあげているかもしれない、ということは、忘れないでほしい。

現実的な解決としては、チドリの聖地となるような、せめて車両侵入禁止の砂州を作り、ゾーニング（区域分け）を行うのが手だろうか。自動車が近寄れない場合、大荷物を担いでまでキャンプにくる人も滅多にいないだろうから、チドリへの負荷は比較的小さくなるだろう。

念のためにこれも言っておくが、私はメカとしての4WDが大好きである。調査中に悪路で車がスタックした経験もあるし、軽トラを四輪駆動に切り替えた途端、軽々と泥道から脱出したこともあったから、4WDのありがたみもよく知っている。一方で、「調査中につき車両は乗り入れないでください」という立て看板の真横から藪を踏みつぶして侵入し、中州まで入りこんで走りまわっていた四駆に対しては「RPG（対戦車ロケット榴弾）を持っていれば、遠慮なくブチこんでやるんだが」とも思っていたことを記しておく。

見えなきゃ仕事にならない

見えているのに、見えない

動物を探していると、「視野に入っている」と「ちゃんと認識している」の違いというものを痛感することがある。

背景にまぎれる色合いや模様のことを、生物学では隠蔽色と呼ぶ。保護色と呼んでもいいのだが、コトバというのはじつにややこしくて、「カマキリは獲物を捕食するために背景に似た色にしているから保護色と呼ぶのはいかがなものか」みたいな議論が出てくるのである。そのため、カマキリは「攻撃的保護色」と呼ばれたりもする。攻撃なんだか防衛なんだか、まるで政治答弁だ。

第一、カマキリの色模様は獲物に警戒されないためだけではない。カマキリ自身だって、鳥に見つかれば食べられてしまうのだ。こんなのは軍隊の迷彩だって同じことで、自分が攻撃するときにも、相手が攻撃してくるときにも、自分の姿が見えないほうがいいに決まっている。ということで、めんどくさいから「隠蔽色」と呼ぶことにする。英語ではクリプティック・カラレーション、「紛らわしい色合い」というほどの意味だ。

隠蔽色の効果はたいしたものだ。コノハムシのように完全に葉っぱに擬態し、葉脈や虫食い跡まで再現した、凝りすぎとしか言いようのない例もある。そこまで精妙ではなくても、そのへんにいるバッタやカマキリだって、草の中でじっとしていればまず見つからない。タテハチョウも、翅を閉じてしまうと落ち葉と区別がつかない。つまり、「見えているのに見えていない」のだ。

鳥のなかにも見事な隠蔽色を発揮するものがある。チドリの卵なんかもそうだが、私が心底騙されたのは、タシギであった。

タシギというのは名前のとおり、シギの一種だ。と言っても、セイタカシギとかタイシヤクシギみたいにスラリと脚の長い鳥ではない。いわゆるジシギの仲間、ずんぐりとしてくちばしだけが長い、あまりパッとしない外見の鳥である。色合いもじつにこう、パッとしない。全体に褐色で、白や暗色の斑点や縞(しま)模様があるだけだ。よく見ていくと模様の複雑さ、精妙さに目を奪われるけれども、一目見た印象を言えば「地味な鳥」である。もちろん、こんな色合いなら野外では目立たないだろうな、と想像はできる。だが、その実態は想像をはるかに超えていた。

ある日、私は高野(たかの)川だったか賀茂(かも)川だったかでカラスを観察していた。たしか御蔭通(みかげどおり)の橋のあたりだったと思う。護岸の下の水際はヨシが生えていて、春先のことなので枯れて茎と葉が折り重なっていた。その前の浅い水中を、一羽のハシボソガラスがエサを探しながら歩いていた。私は対岸に座り、望遠鏡でこのカラスをじっと見ていた。

ハシボソガラスが水面を見ながら、一歩、一歩と足を進めている。どうやらめぼしいエサはないらしい。そうやって枯れ草の前を通り過ぎるカラスを追って望遠鏡を動かそうとしたとき、私の頭のどこかが、妙な違和感を覚えた。

何かが見えたような気がしたのに、何かわからない。視野のなかで注意をあちこちに向けてみたが、やはり、何もいない。おかしい。何かが動いたのだろうか？　だが、動いたなら瞬間的に目がそっちを向いていたはずだ。そういう見え方ではなくて、もうちょっと静的な認識。「何かがそこにいるのに気づいた」のだ。

そう思っていたら、またフッと何かが見えた。何かが私の認識のなかで形になったのである。何だこれは。まるで『プレデター』に登場する透明宇宙人だ。

さっきのでわかったが、問題は視野の真ん中へんである。そのあたりをじっと見る。何かの本で読んだ方法を踏襲して、視野を4分割し、4つの象限を時計まわりに確認していく。一巡したら最初からやり直し、何もないのでまた同じことをやる。カラスの観察中なのだが、この違和感の正体を確かめないと気になって仕方ない。第1象限、何もなし。第2象限、何もなし。第3象限、何も……待った、これは葉っぱじゃない。ヨシの枯れ葉に見えるが、これは鳥の羽だ！

だが、まだ見えない。さっき見えたのが鳥の羽だとはわかったが、どの部分なのかわからない。鳥であることはわかるのに、全体の形状が把握できていないのだ。これは違う、これは本物の葉っぱ、これは茎、あ、動いた。あれは鳥の一部だ。

こうしてじっと見ていたら、突然、その姿が見えた。あれは頭だ。これがくちばしだ。ここが背中だ。今、動いたのは脚だ。胴体はこうなって……あれが尻尾だ。分解されていたパーツが次々に把握され、瞬間的に組み合わさって、視野の中に全体像ができあがる。だまし絵に隠された像に気づいて「ああ！」と思うあの瞬間。

私が見ていたのは、枯れたヨシの中に潜んだタシギだったのである。

タシギの英名は「スナイプ」だ。臆病でかくれんぼの上手なタシギを発見し、的確に狙撃して仕留められる猟師が「スナイパー」の語源である。そうそう見つかるような相手ではなかったのだ。

指さしているのに、見えない

もっとも、人間の目なんてボンクラなものである。目の前にあるものにすら、気づかないことがある。

河川敷で鳥類の調査をしていたときのこと。鳥類班の調査ルートには、中州の草むらが含まれていた。アメリカセンダングサとかヤエムグラとかオナモミとか、とにかくイガイガして引っつきがちな草の中を進むコースである。何度も通るので、一応、踏み分け道ができている。

さて、ここを歩いていたとき、ほんの数メートル前の草むらからドヒュヒュヒュッと音

タシギが隠れている

をたててカルガモが飛びだしたことがあった。川べりの草むらだからカルガモがいても不思議ではないが、こんな距離まで人間の接近を許すのはおかしい。これは巣があるかな？と思って近づくと、案の定、踏み分け道のすぐ脇に自分の綿毛を敷き詰めた大きな巣があり、卵が6個ほど並んでいた。巣にいたメスがギリギリまで我慢して、ついに我慢しきれずに飛んで逃げたのだ。悪いことをしてしまった。

カルガモの一腹卵数（いっぷくらんすう）は10個以上あったはずだ。まだ産み足すだろう。その日はさっさとその場を離れることにして、さらに、しばらくの間そのあたりを通らないようにした。

それから1ヶ月ほどたったある日のことだ。もう抱卵（ほうらん）も終わっただろうと思い、巣を覗きにいってみた。助っ人の学生がいたので、カルガモの巣を見せてやろうと思ったのである。

案の定、もう近づいてもカルガモが飛びだすことはなく、歩いていった先にはすでに使われていない巣と、割れた卵の殻があった。どうやらヒナたちはちゃんと孵化（ふか）したようだ。

「ほら、ここにも卵の殻が落ちてる」と言おうとして草むらを指さした私は、何やら妙な違和感を覚えて言葉をとめた。なんだ、この、何かを見ているのにピントが合っていないような感触は。

そう、文字どおり、「ピントが合っていなかった」のだ。私が指さしているところのすぐ先、ほんの数十センチだけフォーカスをずらした草の下に、大きなものがいたのである。

それはカルガモの親鳥だった。人間ふたりを目の前にして、黙ってじっと動かず、指さされても逃げださずに、草の下に身を潜めたまま、プルプル震えていたのだ。

（ここに親鳥がいる！）

私は小声で学生に告げた。

（逃げないんですか？）

（たぶん、腹の下にヒナを隠してて、逃げられないんだと思う）

（えええー！）

（とりあえずそーっと離れろ）

私たちは、健気（けなげ）な母親をこれ以上いじめてしまわないよう、そっと後ずさりしてその場を離れた。

カルガモはたしかに、枯れ草っぽい色合いをしている。羽縁（うえん）の縁取（ふちど）りとか、顔を分断する縞模様とか、一応は隠蔽色のセオリーっぽくもある。予期していない場所に潜んでいれば、その程度でも恐ろしいほどの効果を発揮するのだ。

だが、背景に紛れる場合、重要な点がひとつある。動いてはならない、ということだ。たいがいの隠蔽色は、動いた瞬間にバレる。あのときのカルガモだってプルプルしていなかったら気づかなかったかもしれない。

こういった「見破りにくい相手」を見つけるには、とにかく、対象物を何度も見て「見え方」を覚えるしかない。意識的に覚えなくても、無意識に見え方の例が蓄積され、サーチング・イメージが形成されて見つけやすくなる。

「その道のプロ」はやはりすごいものがあり、チョウを研究していた大学院の後輩は車を止めるなり網を持って飛びだして何やら素早く捕まえ、「やっぱりエルタテハだ！」と叫んでいたことがある。聞くと、運転しながら道端の田んぼの土くれの上に止まっているチョウが見え、さらに「タテハっぽいが、アカタテハではなさそうだ」まで見えたのだという。アカタテハならごくありふれた種だが、エルタテハは関西には少ない。細い農道をゆっくり走っていたとはいえ、何でそんなものが見えるんだ。キノコに詳しかった先輩も、ちょっと屈（かが）んで雑木林の斜面をじーっと見渡すと、あっという間にキノコを見つけてしまった。

その点、鳥屋は鳥の動きを見つけることが多いので、視野のなかで動くものを捉えるほうが得意だ。バードウォッチャーというとものすごく目がいいように思うかもしれないが、動きを捉えてから双眼鏡で確認すればいいので、視力はそんなに関係ない。むろん、双眼鏡が間に合わないときは裸眼（らがん）で見た情報が頼りだし、遠くを飛ぶ猛禽（もうきん）を見つけたりするにも目がよいに越したことはないのだが。

生死の分かれ目

一瞬のできごと

大学院の博士課程にいたころのこと。和歌山県の某所に、鳥の調査のアルバイトに行った。このときの指示は、田んぼの脇に椅子を置いて一日座って、ひたすら鳥を見ていろというものだった。とくに希少種は要注意である。一言で言えば、猛禽注意だ。

猛禽は空のハンター、捕食の専門家だ。といっても、すべての種が獲物を襲って食べるわけではない。トビは立派にワシ・タカの仲間だが、彼らのエサは基本的に、動物の死骸である。ミサゴのように水面近くを泳ぐ魚を専門に狙うものもいる。オオタカやハヤブサはまさに「猛禽」で、主に鳥を襲って食べる。ハヤブサは飛行中の鳥に向かって急降下し、空中で捕らえる。オオタカは地面にいる獲物を狙うことが多いが、ときにはねぐらに戻るカラスを待ち伏せし、飛行中に下から襲うこともある。

この日は双眼鏡と望遠鏡であたりを見回す調査を一日続けたが、遠くの河口付近をミサゴが舞っているくらいでとくに何もないまま夕方になった。ところが、そろそろ終わろうかという時間に、背後から妙な騒ぎが接近してくるのに気づいた。

この「チュクチュクチー」とうるさいのはツバメのようだ。「ツイー、ツイー」という声は、たしかツバメの警戒音。1羽や2羽ではない。かなりな数のツバメが口々に鳴きながら近づいてくる。いったいなんだこりゃ？

振り向いて確認すると、50メートルほど離れた低空にツバメの群れを発見した。20羽くらいいそうだ。そして、その真ん中に大きな鳥がいる。背中が灰色で腹が白く、滑空しながら飛んでいる。オオタカ……いや違う、ハヤブサだ！　ツバメの群れがハヤブサを取り囲んで、大騒ぎしながらてんでに突撃し、直前でサッと進路を変えて退避している。『スター・ウォーズ』の宇宙戦艦を攻撃する戦闘機部隊のようだ。

このような行動はモビングと言われる。擬攻と訳されることもある。本来、モブとは群衆（モブ・シーンのモブだ）という意味なので、「皆で取り囲むこと」くらいの意味だと思われる。擬攻と訳されることがあるのは、取り囲んだうえで接近と離脱を繰り返すことが多いため、「見せかけの攻撃」という印象が強いからだろう。本来の意味からすると1羽でやったらモビングとは言えないはずだし、集団で取り囲んだだけで攻撃しなければ擬攻と呼べないはずだが、あまり区別せずに使われている。

ツバメの群れに取り巻かれたまま、ハヤブサは平気な顔で飛んでいる。ちら、ちら、と顔を動かしているのは、一応、突っこんでくる相手を確認しているようだ。ツバメもさすがにハヤブサに激突したりはしない。ハヤブサの体重はツバメの何十倍もあるし、武器をもたないツバメがぶつかったところでハヤブサに被害は与えられないからだ。単に「あーめんどくせー」と思わせて追い払うのが目的だろう。

また、これだけ大騒ぎされては、周囲の小鳥はハヤブサに気づいて隠れてしまっているだろう。狩りに成功する見こみがなければ、ハヤブサがそこに留まる理由はない。モビングには当然、自分が返り討ちにあう危険も伴うのだが、これだけの数がいればそう簡単には狙いを絞れまい。実際、ハヤブサは反撃のそぶりを見せていない。モビングって案外、安全かつ効果的なものなんだな……と思った瞬間である。

一羽のツバメが進路を誤ったのか、油断したのか、ハヤブサの眼前を横切ろうとした。その途端、何の前ぶれもなくハヤブサが足を突きだして、無造作にツバメを引っつかんだ。そしてヒョイと首を曲げて、つかんだままのツバメの首のあたりに噛みつくのが見えた（と思う）。そのまま二、三度羽ばたくと、ツバメをぶら下げたまま、ハヤブサは上昇しはじめた。

捕獲されたツバメの声も聞こえない、暴れるのも見えない、一瞬のできごとだった。おそらくあの爪で握りこまれただけでも致命傷になるだろうが、最後にハヤブサが頸椎を噛みくだいた瞬間に即死したはずだ（ハヤブサ科の鳥類はそのための特殊な形のくちばしをもっている）。そのツバメが何か馬鹿なまねをしたというのでもなく、とくにダメな個体だということもなかっただろう。おそらく、距離にしてわずか10センチ、角度なら数度の違い、「単なる偶然」で片づけられるような要素が、このツバメの運命を変えたのだ。ツバメの羽毛をハラハラと散らしながら（猛禽は足でつかんだままの獲物を飛行中に食べることがある）、ハヤブサは飛び去ってゆく。ツバメの集団は振りきられ、もう追尾できない。いずれにしてもハヤブサがいなくなったのだから、じきに散っていくだろう。

明日は我が身、という感傷などもたずに。

声を出すのも命がけ

小鳥たちは猛禽にとても敏感だ。ふつうは集団で攻撃したりせず、猛禽を見つけると素早く隠れる。

ある川辺で調査中、突然、水浴びにきていたカワラヒワの一団が「キリリ、キリリ、キリリ」と鳴いて飛びはじめたことがあった。と同時に、周囲で鳴いていたホオジロがぴたりと鳴きやみ、そのあたりにいた鳥たちが藪の中にスッと身を隠した。これは、と思って見渡すと、一羽のオオタカが低空を通過中だった。次の瞬間、オオタカに気づいたハシボソガラスが大声で鳴きながら飛び立ち、オオタカは黙って速度を上げて飛び去ってしまった。タカを見つけるたびに追い払いにいくのはカラスとケリくらいで、だいたいの鳥は隠れてやり過ごす。

猛禽のような強敵を見つけた小鳥は、独特の警戒音を発することがある。ツバメの「ツィー」もそうだが、キビタキなども「……シー……」と聞こえる声を出す。黙って隠れるのは猛禽に気づかれないため、警戒音を出すのは仲間に危険を知らせるためだ。

ここで「ん?」と思った方はなかなか鋭い。声を出すと見つかるかもしれないのに、わざわざ声を出して知らせる? 彼らはペアのパートナーや自分の子どもを助けるなど「結果として利益になるなら」危険を冒すこともあるのだ。ただ、ヒタキ類の警戒音は特殊な音響構造をもっている。始まりと終わりがはっきりせず、次第に大きくなって、また波が引くように消える。声は一本調子で音程が変化しない。また、ふだんの鳴き声に比べて音が少し低い。

これらはすべて、鳴いている場所を知らせないためだ。人間にせよ猛禽にせよ、左右の耳に届く音の強さの違いや、到達時間のズレを利用して、音源の方向を判断している。始まりや終わりの瞬間がはっきりしていると、到達時間のズレが検出しやすくなる。音程が変化する瞬間も同じだ。いつの間にか始まってなんとなく終わる声は、方角がつかみづらいのである。音の高さもそうだ。低い音は回折（かいせつ）といって障害物をまわりこんでくる。すると、たとえば音源が右方向であった場合でも、音波は頭をまわりこんで左耳にもよく届く。高い音なら、頭の影になる左耳に届く音はうんと小さくなるので、方向が探知しやすい。彼らの警戒音は、天敵に位置を教えないようになっているのだ[＊1]。

人間が聞いても、ヒタキ類の警戒音は位置がわかりづらい。森の中で不意に「……シィイィィ……」という声が聞こえ、あ、これは噂に聞く警戒音か！　と思って探してみたことがあるのだが、なかなか見つけることができなかった。音としてははっきり聞こえているのに、右を向けば右から聞こえるように思えるし、左を向けば左から聞こえるような気がして、音源を絞りこむことができないのである。上下の角度もわからない。頭上のようでもあり、正面のようでもあり、足下から聞こえるようですらある。何かに化かされているような不思議な経験であった。ちなみに、さんざんキョロキョロしてやっと見つけたキビタキのメスは、右斜め前の高い位置、5メートルほどの距離に止まっていた。まるで忍者である。

それでもタカはこの技すら見破って、鳴いている位置をつきとめてしまうようだが。

あのシルエットを見ただけで……

チドリを見ていると、猛禽に気づいた瞬間にサッと地面に伏せるのがわかる。ときには、体を回して後ろを向く。体を前傾させたまま、タカが移動するのに合わせて体を回し、尻を向け続けることもある。これはおそらく、お得意の隠蔽色で姿を隠すためだ。横を向くよりも尻を向けるほうが、タカの方向を向いた面積が小さくなって見つかりにくいのだろう。頭を向けてもよさそうなものだが、顔を認識されると一発でバレるからかもしれない。とはいえ、川原でチドリがさっと隠れたとしても、たいがいはトビが飛んだだけだ。トビがチドリを襲って捕食することはまずないだろうから、これは言ってみれば隠れ損である。命がかかっているのだから、「どうせトビだと思ってたらオオタカでした」よりは、「伏せてみたけどべつに危なくなかった」のほうがマシであるが、それにしてもなぜ律儀にいちいち隠れるのか。一方、サギが飛んでもあまり警戒しない。猛禽の形をしているのが重要らしい。

ガンやカモのヒナも、タカが飛ぶのを見ると親鳥の腹の下に逃げこむか、さっとその場に伏せる。そこまでは「よく知っているねえ」ですむのだが、何とも不思議なのはここからだ。彼らは生まれて初めて見たタカに対しても警戒する。人間が育てた個体でも、タカが飛ぶのを見ると「正しく」反応できる。タカに似たシルエットの模型を動かしても、ちゃんと反応する。この模型を使った実験では、シルエットそのものではなく、動く方向が重要だということがわかっている。十字架形の模型を作り、棒の短いほうを前にして動かすとヒナは隠れる。首が短くて尾が長いのは猛禽だからだ。ここで模型の向きを変え、棒の長いほうを前にして動かすと隠れない。首が長くて尾が短いのはガンやカモのシルエットだからである。

このように、鳥類は猛禽っぽい姿を見ると反射的に隠れるものが多いのである。猛禽に対して生まれつき敏感でないと、生き延びることができないようなのだ。

そういえば、猛禽に擬態しているようにしか見えない鳥もいる。カッコウ科の鳥たちだ。日本で見られる種で言えば、カッコウやホトトギスは背中が灰色、腹側が白くて、特徴的な横斑がある。しかも尾羽が変に長い。飛んでいる姿はまるでハイタカだ。ジュウイチは横斑、いわゆる鷹斑がないが、背中が濃い灰色で腹が白、これはアカハラダカやツミのオスに似ている。

彼らがとくに猛禽をまねなくてはいけない理由はなんだろう。自分を強く見せたいだけなら、もっといろんな鳥が猛禽に擬態してもよいはずだ。カッコウ科の特徴と言えば、やはり托卵だろう。托卵される側の鳥はカッコウ科をつねに警戒しており、見つけると攻撃して追い払おうとする。だが、「タカかもしれない」と思えば攻撃をためらうこともあるだろう。また、托卵すべき巣を探すとき、あるいは卵を産みにいくときに、周囲の鳥をちょっと黙らせたり、逃げださせたりするのが必要ということも、あるかもしれない。やはり、小鳥にとって猛禽は極めつけに恐ろしい相手のひとつなのだろう。

ちなみに、カラスは猛禽が大嫌いだ。「怖い」ではなく「嫌い」である。たしかにオオタカくらいになるとカラスを捕食することがあるのだが、カラスが先に見つけた場合は、逃げるよりも追い払おうとする。集団ならもちろん、1羽でも後ろから接近して尻尾を引っ張ったり、上から背中を蹴りにいったりと、「もう勘弁してやればいいのに」と思うくらい、やりたい放題である。相手がトビのような、どう考えてもカラスの天敵にはならない猛禽であっても、徹底的に攻撃する。「猛禽の形をしていればすべて敵」なのだ。アメリカで撮影されたという、「猛禽の背中に乗って飛んでいるカラスの写真」をネットニュースで見たことがあるが、これも背中から蹴飛ばしにいって、たまたま乗っかってしまったのだろう。

だが、たとえ相手がトビであっても、猛禽が反撃するそぶりを見せた瞬間にカラスは素早く離れる。猛禽と正面からやり合ったら勝てないことを、よく知っているからだ。空中戦のエキスパートである猛禽類は、瞬時に翼をたたんでの急降下や失速反転を軽々と行うし、果ては360度横転から、一瞬なら後ろ向きの背面飛行までこなす。本当はカラスよりよっぽど強いのである。だが、猛禽はカラスと喧嘩（けんか）なんかするより飛び去ってしまったほうが楽なので、「あーもうめんどくさい」という顔でどこかに行ってしまう。冒頭のツバメと同じく、カラスとしては、これで目的を達成しているのである。

＊——音源定位にはもうひとつ、音波の位相のズレを捉える方法もある。音の遮蔽（しゃへい）効果や音波の位相のズレを検出する場合、頭の大きさが重要になるのだが、小鳥の声は左右の耳の幅が5センチ程度の動物にとって、とくに聞きづらいという説がある。これはだいたいタカの頭の大きさに相当する。

仕事のお供

松原・ザ・ウェストパック

北海道大学にいる友人に招かれて、研究会でカラスの発表をさせていただいたことがある。「自分は迎えに行けないが、研究室の後輩が空港に行くから」と言われ、まあ何とかなるだろう、と行ってみた。すると、空港ロビーでその後輩さんが素早く私に気づき、声をかけてきた。なぜわかったのかと思ったら、その友人手描きの「松原の識別図」を持っていたのだった。似顔絵はなかなかよく描けていたが、記入された特徴のひとつに「ウェストパック」があった。どうやら周囲には「松原＝ウェストパック」と思われているふしがある。

そういえば勤め先の事務室の人に「それ、何が入ってるんですか」と聞かれたこともある。後輩の前でウェストパックを外したら、「体の一部じゃなかったんですか！」とまで言われた。カンガルーじゃあるまいし、そんなわけがあるか。

まあ、たしかに私はたいがい、無闇に重いウェストパックをつけている。腰痛の原因になっているんじゃないかとも思う。しかし、必要だから仕方ないのである。

カラスのことを考えながら日々暮らしていて何が困るかというと、オンとオフの区別がないことだ。いや、正直に言えばまったく困っていないのだが、いつなんどきであれ、観察が始まってしまう場合がある。そのため、「今日は調査じゃないから手ぶらでいい」という日が、基本的に存在しない。

今、私が身につけているものを列挙しよう。それがどういうことかというと……。シャツのポケットにフィールドノートとボールペン。ウェストパックに財布、油性マジック（赤と黒）、ルーペ、メジャー、LEDライト、予備の乾電池、ビニールテープ、ホイッスル、コンパス、コンパクトミラー、タッチアップストーン（小型の砥石（といし））、バンドエイド、シールパック。ウエストパックに取りつけたポーチにフラッシュメモリー、6倍の単眼鏡。

コンパクトミラーは身だしなみのためではなく、高いところを覗くためだ。背伸びしても見えないが手は届く、という高さに鳥の巣がある場合、ミラーをかざせば中の様子がわかる。そんな微妙な高さの巣なんてあるのかと言われそうだが、モズやヒヨドリの巣はそういうところによくある。研究室で本棚の隙間に貼ってある備品シールを確認するにも非常に役立った。極限状況の想定になるが、山で遭難したときに信号を送るのにも使える。デイパックの中には4ミリの細引きロープ、大判のシールパック、ヘッドライト、デジタルカメラが入っている。以前は双眼鏡も必ず入れていたが、東京で平日から双眼鏡を持ち歩いていると妙な疑いをもたれそうなので、ちょっと遠慮している。

そして、つねにいつも同じウェストパックとデイパックを身につける。シャツを脱ぐときにポケットから出したノートさえ置き忘れなければ、どんな場合でも、家を出るときには装備は全部そろっているはずだ。唯一の例外は、博物館でレセプションがあってスーツを着ている日くらいである。

砥石はさすがにふだんは使わないが、山での調査の際にはツールナイフを持っているので、応急の砥ぎ直しが必要なこともある。

これだけのものを身につけて、博物館に出勤しているのである。書いてみると我ながらあきれるが、この習慣が身についたのは、屋久島でサルを追いまわしていたころだった。

山の中で何が怖いかと言えば、必要な装備をテントに置き忘れてくることである。「しまった、あれがない」と思っても取りに戻ることはできない。コンビニもない。何度か痛い目にあってから、すべての装備をデイパックとウェストパックとベストに集約し、必ず身につけることにした。寝袋で寝るときはウェストパックを外して枕元に置き、ベストを脱いで体の上にかけておく。起きたらベストを着て、ウェストパックを腰に巻き、パチンと留める。あとはデイパックを担げば完了だ。

大学院のカラス調査でもこの方式は踏襲された。調査地は大学のすぐそばで、毎日のようにカラスを見てから大学に行っていたせいである。これが日常なので、毎日がフル装備だ。そんな生活を何年も送ると、どんなときでも必要なものを取りだせるのが当たり前だと思ってしまうのである。

まあ、本当に毎日これだけの装備がいるのかと言われれば疑問ではあるのだが、出勤中に鳥の羽を拾ったとか、カラスが果実を食べていたとかいう場合には何かと役に立つ。写真をとって、メジャーで計って、ルーペで観察して、シールパックに入れてマジックで日付と場所を書きこんで、ノートに何があったかを書いておけば、これで立派な採集記録である。おかげでいろんな場所で拾った鳥の羽のコレクションもだいぶ増えた。

マイ・ベスト・行動食

他にも調査中に必ず持つべきものがある。行動食だ。

最近は車での移動も多いのでずいぶんズボラになってしまったが、単独で、徒歩で調査しているとき、水と食料を持っておくのは非常に重要だった。京都市内でカラスを追跡している場合は飢え死にする心配はないが、カラスに「昼飯食ってくるから待っててくれ」と言うわけにはいかない。

どこかで調査を中断してもいいようなものだが、せっかく追跡できているときに中断なんて、もったいなくてできない。いきおい、空腹に耐えられなくなるまで追跡は続く。ところが、しばらく我慢していると、やがて空腹を感じなくなる。人間の体はうまくできていて、空腹でも食えないと肝臓からグリコーゲンを持ちだして緊急の栄養源にするからである。だが、これを繰り返しているとグリコーゲンが枯渇し、血糖値が下がって体が動かなくなる。ハンガーノックアウト、昔の登山用語で言う「シャリバテ」である。そういうわけで、口に入れるものと水は手元に確保しておけ、というのが調査中の心得だ。

昼飯を持ち歩くと言っても、コンビニ弁当を持ち歩くのは難しい。デイパックに入れておくと間違いなく横向きになり、そのまま走りまわってシェイクされた弁当は悲惨なことになるからである。万が一、汁がこぼれた場合、デイパックの中も悲惨なことになる。さりとて、コンビニ袋を手に持ってぶら下げるのもだめだ。両手は双眼鏡とノートのためにあるのだ。第一、ゆっくり座って弁当を食べていられるという保証もない。膝に弁当を乗せて食べようとした途端にカラスが飛んだらどうなるか？　立ち上がったら弁当をひっくり返す。弁当を守ればカラスを見失う。

となると、立ったままでも少しずつ食べることができて、食べるのを即座に中断することもできて、できればつねに手を空けておけるもの、ということになる。結局、パン系しかない。これなら急にカラスが動いたとしても、食べるのをやめて袋に戻してポケットに突っこめる。お行儀はよくないが、口にくわえたままノートをとることだってできる。

そういうわけで、コンビニで売っている菓子パン類を片っ端から試した。総菜パンは食べかけで袋に戻すのが難しいから、あまり利用しなかった。なかなか良かったのは三角蒸しパンとメロンパン。そして私にとっての永遠の定番は、一本ずつ食べて長もちさせられるチョコチップスナックパンであった。

だがパンばかりでは飽きてくるので、他になにかいい食料はないかと探してみた。登山の非常食の定番、チョコレートも試したが、昼食代わりにはいまひとつだった。しかも計算してみると意外にコストパフォーマンスがよくない。ここでいうコストパフォーマンスとは、1円あたりのカロリーである。一般的な板チョコは3キロカロリー／円に届かない。メロンパンはざっと4キロカロリー／円だ。チョコチップスナックパンは5～6キロカロリー／円に達する。

だが、探してみたら上には上があった。大学生協で売っていた黒かりんとうである。100円で850キロカロリー！　軽いので重量あたりで計算してもトップである。

だがある日、さらに上をいくものを発見してしまった。それは100円ショップで見つけたバタピー。じつに、900キロカロリー強の熱量を誇っていた。2袋半食べれば、一日に必要なカロリーを賄（まかな）える計算になる。

そこで、京都でカラスを追跡するときにバタピーを試してみた。カラスを追って走りまわるはずだから、袋ごとポケットに入れておいてひとつかみずつボリボリ食べられて、おまけにカロリー高めなのはちょうどいい。

一日やってみた結果、予想外の結果が得られた。鴨（かも）川の護岸に座ってバタピーを食べていると、とんでもない数のドバトが寄ってくるということだ。私はあっという間にドバトに取り囲まれ、膝と肩と頭の上に乗られ、掌にのっていたバタピーは一瞬のうちにハトに平らげられ、ポケットに入れたバタピーの袋も漁(あさ)られ、ついでに掌もさんざんにつつかれた。のみならず、スニーカーの靴ひものハトメからシャツのボタンから、ハトにとって多少なりともピーナツっぽく見えるらしいものもすべてつつき回された。ハトを追い払うために大げさに動くとカラスも逃げてしまいかねないので、あまり敵対的な行動がとれないのは盲点であった。結局、バタピーは調査中の行動食としてはいまひとつである、と結論せざるを得なかった。

だが、ときにはもう少しまともなものを食べたくなることもある。チドリの夜間採餌(さいじ)を確認するため、河川敷で徹夜の調査をしたときは、さすがにちょっと考えた。1時間に1度、水際にいるチドリの数と行動をチェックして昼と夜を比較する、という調査項目だ。ちなみに夜でも大口径の双眼鏡を使えば、月が明るければチドリの影くらいは見える。月がないときはライトで照らすとチドリの目が光って見えるので、これを数える。

とはいえ、夜間は細かい観察ができないので、水際をパトロールし終わるとほぼやることがなくなる。しかし、30分もすると次のパトロールがあるのだから、グースカ寝ているわけにもいかない。音楽に没頭するのもだめだ。思わぬ鳥の声が聞こえたとか、そういう重要な情報を取りこぼす恐れがある。ひとりでやるのは地味につらい調査だ。せめてこう、ちょっと楽しむための食料を持ってゆくべきではないか。

観察中の行動食に対する評価が実用性一点張りなので、「こいつは食えれば何でもいいのか」と思われたかもしれないが（まあ否定はしないが）、私とておいしいものは好きである。ただ、調査中にあまりホッとしてしまうのも、よろしくない。何というか、士気が下がる。そこで思い出したのが『シャドー81』という航空小説だった。この作品のなかで、主人公が孤独を紛らわしつつ、「ハムの缶詰をあけ、薄くくさびの形に切って、メルバ・トーストのあいだに挟むと、この〝美味なるオードヴル〟にがぶりと食らいつ」くシーンがある。ふむ、このとき、主人公は孤独な戦いのなかで、ちょっと一息ついている状態だ。これは悪くない。

本を読んだときはメルバ・トーストの正体がまったくわからなかったが、似たようなものがあるかもしれないと思って明治屋に行ってみたら、「メルバ・トースト」と書かれた、ごくそのものズバリの箱があった。メルバ・トーストとは、こんがりパリパリに焼いた、ごく薄いトーストのようなものであった（実際、そうやって作るらしい）。

かくして、砂の上に座ってぼんやりと周囲の物音を聞きつつ、ときどきメルバ・トーストにコンビーフかチーズをのせてつまみ、キャンプ用の小型コンロで沸かした紅茶を飲んで、長い夜を過ごしたのだった。あの調査はきつかったが、メルバ・トーストの味は今も覚えている。

鳥を見分ける

目のつけどころ

世界には約9000種もの鳥がいる。どのように分類するかには異論もあり、たとえばキビタキとリュウキュウキビタキが同種か別種かは、意見の分かれるところだ。うんと細かく分ければ1万8000種という意見さえある。

日本の鳥は600種あまり。どこまでを「日本の」鳥と呼ぶかによっても違うが、日本で記録された野鳥という意味なら630種くらいだ。日本で記録のあるカラス科の鳥、つまりカケスやオナガやカササギを含めたカラスの仲間は12種。愛媛県で野生化したヤマムスメが繁殖しているようなので、これが定着すれば13種になる。狭義のカラスであるカラス属の鳥に限っても7種。迷鳥を除けば5種。そして、日本で繁殖しているカラスはハシブトガラスとハシボソガラスの2種だ。我々が日常的に見かけるのはこのどちらか、あるいは両方である。「そのへんにいるカラス」ですら、1種ではないわけだ。

この2種のカラス、改めて見分けようとすると区別しにくい鳥である。どちらも真っ黒なカラスなのだから当然と言えば当然。「ハシブトガラスとハシボソガラスはどうやって

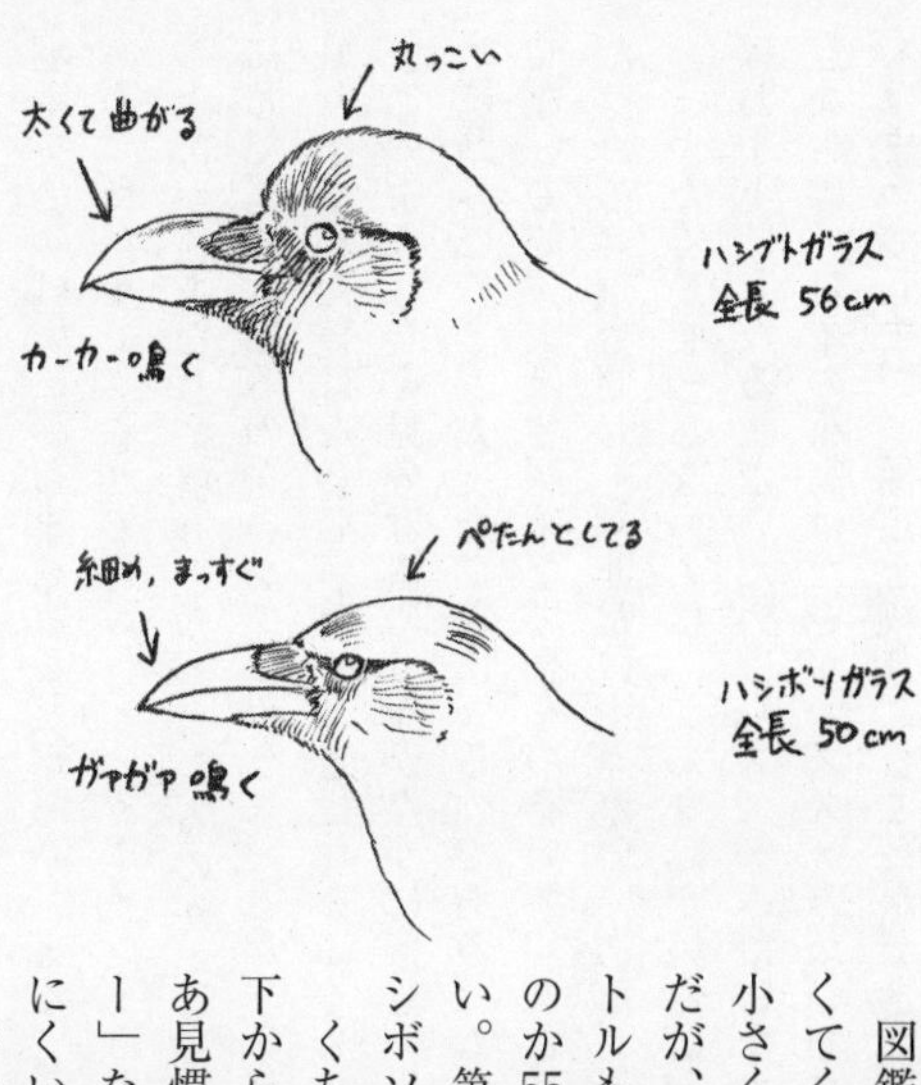

見分けるんですか」と聞かれることもしばしばある。

図鑑を見ると、ハシブトガラスは体が大きくてくちばしが太い、ハシボソガラスは少し小さくてくちばしが細いと書いてあるはずだ。だが、野外で何十メートル、ときに何百メートルも向こうにいる相手の全長が50センチなのか55センチなのかなんて、わかるはずもない。第一、小柄なハシブトガラスと大柄なハシボソガラスならサイズはほぼ変わらない。

くちばしの太さにしても個体差があるし、下から見上げているとちゃんと見えない。まあ見慣れると「この曲がり方はハシブトだなー」などとわかるのだが、定義として表現しにくい感覚である。

では、頭の形。これならわかる！　と思うのは、じつは早計だ。ハシブトガラスの「おでこ」は骨ではなく、羽毛を立てているだけである。緊張して羽毛を寝かせると急にペタンとなってしまい、見分けがつかなくなる。ハシボソガラスも求愛や威嚇のときには頭の羽毛をいっぱいに膨らませることがあり、まるでハシブトガラスのように見えることさえある。私だって「これで絶対」というポイントはないのだが、強いて言えば「上くちばしの上部が稜をなして盛り上がっているのがハシブトガラス」とか、「鳴くときに体を水平にして尾だけ振るのがハシブトガラス」とか、それくらいだろうか。ハシボソガラスなら盛り上がった稜はないし、鳴くときは体をふくらませて頭を上下に振りながら鳴く。

このように鳥を見分けるのはなかなかに難しい場合があり、うっかり「識別」という迷宮に踏みこむと、大変なことになるのである。ムシクイ類の識別なんて難しすぎて手を出せないので、よほど明確な場合をのぞいて「ムシクイの仲間。以上」で済ませたいくらいだ。カモメ類も同じく、非常にやっかいである。

まったく鳥を知らない人に「こんな鳥がいたけど何だろう」と聞かれる場合も、しばしばお手上げとなる。だいたいは「スズメみたいな鳥」と言われるのだが、ふつうの人の視点ならば、日本の小鳥はたいがいスズメみたいな鳥なのである。それだけでは何十種もあてはまってしまい、種類を絞りこむことができない。

バードウォッチャーはスズメを見てスズメだとわかれば一人前、と言われることがある。ホオジロ、カシラダカ、アオジなど、スズメに似た鳥がいっぱいいるからだ。おまけに冬になるとどいつもこいつも藪に集まってくるので、本当に見分けがつかない。ここでものをいうのは「どこを見て見分けるか」という知識である。

日本に６００種以上いる鳥を見分ける場合、まず注意するのは大きさだ。スズメ、ヒヨドリ、ハト、カラス、トビは「ものさし鳥」と言われることがある。鳥の大きさを何センチと書いてあってもピンとこないが、「スズメくらい」とか「ハトくらい」と言えばイメージしやすいからだ。モズはスズメよりは大きい鳥、ツグミはヒヨドリくらいの鳥、といった表現になる。ワシ・タカの仲間は大きいと思われがちだが、オオタカでもカラスくらいの鳥だ。ハイタカはメスでもカラスより小さいくらい、オスならハトくらいの鳥である。もちろん、クマタカのように体長もトビより大きく、翼の面積はトビの比ではないという猛禽もいる。初めて見たときはあまりの迫力に「とんでもないものを見てしまった」と思ったくらいだ。クマタカが翼を広げれば、畳一枚を占領する大きさになる。イヌワシ、オジロワシ、オオワシは、さらに大きい。

小さいほうだと、メジロ、エナガ、ミソサザイなんかはスズメよりも小さい。エナガを全長で表すと14センチくらいあってスズメ大だが、エナガの全長の半分は尾だから、体のボリュームでいえば本当に小さい。体重なんて10グラムもない。

もうひとつ、大きさについて重要なのは「鳥は巣立ちの時点でほぼ親と同じ大きさになっており、独立するころには羽も伸びきって完全に同じ大きさになっている」という点である。そこが子イヌや子ネコと違う。大きさで年齢を見分けることはできないし、明らかに大きさが違えばそれは別種だ。

鳥を見分けるときに、大きさと同じくらい大事なのがシルエットである。体のプロポーションや止まったときの姿勢で、何の仲間かは見当がつく場合が多い。長い尾をヒョイヒョイと振りながら、体を水平にして地面をテクテク歩いていればセキレイの仲間だ。ずんぐりした体にブンチョウのような太いくちばしをもっていれば、おそらくヒワの仲間である。これでかなり種類が絞れる。

それから色。とはいっても、日本の鳥はどれも基本的に地味だから、「灰色っぽい」「茶色っぽい」「白黒」くらいになってしまう。あとは特徴的な模様で見分けることになる。目の上にはっきり線があったとか、目を通る線があったとか、腹に縞模様があったとか、飛んだときに翼の模様が見えたとか、そういうポイントだ。

さっきの「スズメのそっくりさん」でいえば、本物のスズメなら、頭のてっぺんが茶色で顔が白く、目元と喉元に黒い

カシラダカ(オス)

ホオジロ(オス)

部分、頬にも黒い点があり、腹がくすんだ白色である。対して、顔の白黒模様がはっきりして腹が薄い褐色ならばホオジロのオス、顔の模様が茶色っぽいが、腹がやはり薄い褐色ならホオジロのメス。ホオジロのメスみたいだが頭のてっぺんがモヒカン気味に立っていて、胸元から脇腹に褐色の模様があり、腹は真っ白なのがカシラダカだ。オスメスはよく似ているが、メスのほうが顔の模様の色が薄い。顔が青黒くて腹に黄色みがあればアオジのオス。アオジのメスはカシラダカのメスとまぎらわしいが、顔の模様と、お腹が白くない点で少なくともスズメとは区別できる。

それと、藪に隠れた彼らを識別するのに重要なのは音声の違いだ。ホオジロなら「チュチチ」と少し長く鳴く。カシラダカとアオジは「チッ」という声でよく似ているがアオジのほうが強い声だ。スズメなら「チュン」である。

まあ、実際にはここにオオジュリン、カワラヒワ、ベニマシコ、クロジ、ミヤマホオジロ、ニュウナイスズメ、アトリなんぞも加わってきて、さらにバードウォッチャーを混乱さ

スズメ

アオジ（オス）

せてくれるのだが。

さて、こういった識別ポイントを覚えるには、かなり真面目に図鑑を読み、現場を踏んで体で覚える必要がある。つまり、「こんな鳥を見た」と的確に特徴を説明できるくらいならすでにシロウトではなく、人に聞かなくても自力で図鑑を見ればだいたいわかる、という堂々巡りに陥(おちい)るわけだ。

珍客との出会い

何年も鳥を見ているとそのへんにいる鳥は見尽くしてしまいそうなものだが、それでも「何だこりゃ」という相手に出会うことはつねにある。大学院のとき、木津川で鳥を調査して帰ろうとした私は、堤防に近い高い木の上に一羽の猛禽が止まっているのに気づいた。あの形はハヤブサの仲間、大きさからしてチョウゲンボウ、あるいはコチョウゲンボウか。だが何となくチゴハヤブサっぽい？　チゴハヤブサは京都では珍しいが、渡りの時期に通ることはあるだろう。このときは4月で、まさにその時期だった。だがチゴハヤブサにしても何か違うような？

判断に迷いがあったのは、自分の中にあるイメージのどれともぴったり合わなかったからである。もちろん、光の加減や角度によって違って見えているだけ、ということはよくあるのだが、それにしても違和感がぬぐえない。こういうときは基本に立ち返り、識別点をひとつずつ潰してゆくしかない。

比較対象がないので目見当だが、大きさはチョウゲンボウくらいに見える。頭が黒く、目のまわりも黒い。頰にかけて黒い線がつながっている。おまけにくちばしがオレンジ色っぽい。そうか、これが違和感だ。チョウゲンボウの顔の模様はこんなに濃くないし、くちばしも灰色っぽくて目立たない。ではチゴハヤブサか。

待て。チゴハヤブサなら腹の下のほうが赤錆色だが、こいつは下面全体が白っぽい。下腹部はやや色が濃いように見えるものの、チゴハヤブサの色ではない。それに、チゴハヤブサの蠟膜（くちばしの付け根）は黄色かったと思うが、こいつはくちばしの先まで明るい橙黄色だ。胸の模様もなんだか違う気がする。チゴハヤブサをそう何度も見ているわけではないが、もっと太い、黒い線のように連なった縦斑が並んでいるのではなかったか。日暮れで薄暗いのではっきりしないが、こいつの斑点はもっと横に長い。

胸から腹に横斑、といえばハヤブサがそうだが、これはハヤブサには見えない。ハヤブサの幼鳥ということは？　それも違う。幼鳥なら縦斑だし、第一、サイズが全然違う。ハヤブサならもっと大きくて重々しい。くちばしもこんな色ではなかったはずだ。

そっと移動して背中側も確認した。全体に暗灰色だ。かすかに褐色がかっているようでもあるし、うっすらと横斑があるようにも見えるが、明確な褐色の部分はない。これでチョウゲンボウという線は完全に消えた。チョウゲンボウのメスは背中から翼まで褐色だし、オスも背中には明るい褐色部がある。

また、顔の側面に褐色みがない。ということはコチョウゲンボウでもない。コチョウゲンボウは背面全体が灰色っぽいが、頬から首のあたりに赤褐色の模様がある。それに、体の下面が褐色で模様も縦斑のはずだ。

残るはふだん見かけないようなチョウゲンボウの仲間だ。どうやら珍客に出会ってしまったようだ。ヒメチョウゲンボウはどんなのだったか？……違う。たしか頭が灰色で体は褐色だ。あとはアカアシチョウゲンボウというのがいたはずだ。識別点は名前のとおり、赤い脚だ。こいつの脚の色は……。

オレンジ色。赤い、とまでは言わないが、他のハヤブサ科に比べれば赤っぽい。こいつがアカアシチョウゲンボウなのか？ 図鑑で見た記憶ではもっと白黒の、ツバメみたいな色の鳥だったように思ったが……。

これ以上は図鑑がないとわからない。特徴をノートにスケッチし、ついでになんとか写真も撮って（望遠の効くカメラがなかったので、望遠鏡の接眼レンズにデジカメを押しつけて撮影した）家に帰って調べたら、やはり、アカアシチョウゲンボウのメスだった。私が覚えていたのはオスで、メスはこんな色なのだ。日本では数の少ない旅鳥で、渡りの時期に少数が通過するだけだと書いてあった。そのなかの一羽が、アフリカ南部から繁殖地であるウスリー地方への旅の途中で、京都に立ち寄ったのだろう。

ただ、人の期待というやつは、いとも簡単に目を曇らせる。聞いた話だが、イヌワシを期待して見ていたせいで、全員がカラスをイヌワシと見誤ったことさえあるという。

大学生のとき、岐阜大の生物研究会の人たちと、愛知県の伊良湖岬に行ったことがある。本命は群れをなして旋回するサシバとハチクマだが、ほかにも見ておくべき鳥はたくさんいる。周辺の水田でシギなど探していたら、かなり離れた電線に小さな鳥が止まっているのが見えた。ふだんなら「どうせスズメでしょ」と見逃すだろうが、気合を入れて鳥を見ているときは、小鳥一羽でも気になる。渡りのシーズンでもあるし、思いもよらない鳥かもしれないではないか。そこで皆で並んで双眼鏡を向け、識別大会が始まった。

「大きさはスズメくらいか」

「もうちょっと大きくないか？」

「かもしれん、けどわからんなあ……尻尾は短め？」

「背中に縞模様が見えるような気がするけど、光の加減？」

「顔見える？」

「いや、背中向けてる」

「カワラヒワとかちゃうんけ？」

「尾羽の形がヒワとは違うんじゃないかな」

「マヒワも違うな、黄色が見えないし」

「逆光でよくわからん、そもそもあれは何色だ」

「なんか茶色系だとは思うんだが」

「アトリは？」

「あ、そうかもしれん」

「けど一羽だけやぞ？　アトリってもっと群れてるやろ？」

「あの頭はアトリと違う。アトリはもっと頭尖(とが)ってる」

「まさかのヤマガラ……」

「田んぼの真ん中にはおらんやろ」

「ビンズイでもないしな」

「ビンズイほど痩せてなさそうだし脚も尻尾も短い」

「横向いたぞ！」

「顔見えるか、顔！」

「逆光でわからん！　なんかシジュウカラみたいにも見えた」

「そんな鳥おるんか？」

「迷鳥？」

「なんちゃらシトドとかそういうワケわからんやつか？」

「伊良湖に来るかなあ？」

ひょっとしたら渡りの途中に迷いこんだ珍鳥かもしれないと、いやがうえにも期待は高まる。ついに業を煮やした友人のひとりが車まで走って大口径の望遠鏡を持ってくると、急いで三脚を伸ばしてセットした。そして、その鳥を慎重に眺めると、口を開いた。

「どっから見ても、ただのスズメ」

第三章 カラス屋の日常

ピーちゃんの観察日記

ジュウシマツという鳥

あるとき、大学でジュウシマツを飼育した。小鳥がエサを食べたとき、どれくらい消化管内に滞留するか知りたかったのだ。食紅（しょくべに）で染めたエサを食べさせて、フンに色がつくまでの時間を計ってみたりした。

さて、その一連の実験が終わり、元気のいいジュウシマツ一羽が実験室の鳥かごの中に残った。

この個体はほぼ真っ白で、左目のあたりにだけ、黒い斑点（はんてん）が入っていた。なかなかハンサムだ。おまけに、一緒に飼育していた個体と比べてもえらく元気なうえ、ジュウシマツとは思えないほど攻撃的だった。巣に入るときなど、もう一羽をボカスカ蹴り飛ばして追い払い、占領してしまったほどである。ふつう、ジュウシマツはこんなに仲間同士で喧嘩（けんか）しないものだ。とはいえ、喧嘩っ早（ぱや）いといってもジュウシマツなので、やっぱりボーッとしている。

最初のうちは、大学の私のデスクの上で飼っていた。だが、ひとりで世話をする手間もバカにならないし、調査やバイトで研究室に来ない日もある。かといって自分の研究用の、おまけに実験が終了している鳥の世話を他の院生に頼むのも気が引ける。あと、机の上が狭い。そうこうするうちに冬休みが迫ってきた。年末年始は誰も研究室に来ない。仕方ない、家に連れて帰ろう。幸い、実家だし。

その日から、ジュウシマツはうちの子になった。

さて、こうしてジュウシマツのピーちゃんはうちに来たのだが、最初からピーちゃんと呼んでいたわけではない。家族めいめいに「トリ」とか「この子」とか「白ちびガラス」とか、好き勝手な呼び方をしていた。名前がついたのは、卵詰まり(たまごづ)で動物病院に駆けこんでからである。ぐったりと目を閉じているジュウシマツに、母親が思わず「ピー！　ピー！」と鳴きまねっぽく呼びかけているのを、病院の人が聞いたのだろう。処方された薬の袋には「松原ピー様」と書かれていた。名前を書かれてしまったのでは仕方ない。その日から名前はピーちゃんとなった。

そう、卵詰まりなのである。ピーちゃんはメスであった。えらく元気がいいのでオスだと信じていたのだが、お転婆(てんば)なだけだったようである。他個体の背中に乗っていたこともあるのだが、あれ、交尾じゃなかったのか。

ジュウシマツの原種は中国のコシジロキンパラという鳥だ。近縁なキンパラ、ギンパラ、アミハラなど、よく似た形の鳥が中国南部から東南アジアに分布している。農耕地なんかによくいる、まあ日本で言えばスズメかホオジロみたいなふつうの鳥らしい。姿がかわいらしく、飼いやすくて繁殖も容易ということで飼育されるようになったのだが、これが日本に到来したのが江戸時代。日本では小鳥を飼うことがよくあったので、ジュウシマツも同じように飼われることになり、品種改良が進んで、すっかり飼い鳥として定着した。白化個体を固定したものや、さまざまな巻き毛の品種も作られている。

ちなみに、品種改良にいそしんだ人びとには裕福なご隠居さんなどもいただろうが、武士も多かったようだ。当時のお武家様は意外にヒマだったのか、大名が朝顔やチャボの品種改良を盛んに行ったり、藩士（はんし）たちも取り組んだりして、珍しい品種ができるとご贈答品にしたりしていたのである。江戸の大名屋敷で町人にまで菊見物を許したりしていた例もあるそうだから、趣味人的な大名も多かったのだろう。

そうやって250年にわたって人に飼われた結果、ジュウシマツは野生では到底生きていけないくらい、のんびりした鳥になった。複数羽で飼っていると、皆で仲良く壷巣（つぼす）に入って寝てしまう。2羽でにらみ合って喧嘩するのかと思えばそのまま忘れる。たとえ鳥かごから逃げて飛びまわっても、部屋をひとまわりもすると「ふう、疲れた」とそのへんにペタンと座ってしまうので、そのまま素手で捕まえられる。寝ているあいだに止まり木から落っこちて「ピー！ ピー！」と騒ぐ。じつにアホかわいい。

もうひとつ、ジュウシマツは野生の原種より歌が複雑で、より変化に富む。これは人が歌のうまい鳥を選んで育てたせいではない。ウグイスなどは鳴き声を競わせるために飼育され、歌のうまい個体を「師匠」にしてヒナたちに歌を聞き覚えさせたりしたが、ジュウシマツではこういった「歌合戦」の記録がないという。彼らの歌が複雑なのは、エサと安全が保証された環境で、ジュウシマツ自身が全力で歌を進化させたからである。野生の鳥は生きていくのが第一条件だから、歌ばかりに夢中になるわけにいかないのだ。趣味として飼育されたジュウシマツが、まるで趣味のように歌を極めたというのも、面白い話ではある。

繁殖スイッチ

ちょっとかわいそうだが、ピーちゃんはひとり暮らしさせていた。オスと一緒にするとあっという間に子どもが増え、そいつら同士が繁殖を始めてネズミ算式に膨れ上がるのが目に見えていたからである。ところが、ジュウシマツはオスがいようがいまいが、ささいな——そして思いもよらない——きっかけで発情し、卵を産んでしまう。そもそも、ジュウシマツが飼育されるもうひとつの理由は、気難しい鳥の卵を抱かせる「仮親（かりおや）」にできるからだ。飼育下でも機嫌よく繁殖するうえに、誰の卵でも抱く鳥なのである。

特殊な産卵をする鳥として、ニワトリがある。現在の優秀な採卵用のニワトリは一年に３００個近くも卵を産む。こんなことができるのは、採卵用に品種改良されたニワトリは「卵を抱く」という習性を失っていて、卵を産んでも産みっぱなしだからだ。だからこそ「一腹卵数（いっぷくらんすう）」、つまり「さあ、ここで産卵をやめて卵を抱かなきゃ」という縛りがなく、毎日ポコポコと産卵し続ける。だが、ジュウシマツはちゃんと繁殖する鳥である。オスがいない場合でも、発情から抱卵（ほうらん）までの各段階を律儀にたどる。

まず、ピーちゃんがやけに愛想良く止まり木に止まって、こっちをじーっと見ているときは要注意である。歌らしきものを聞いたときに喜んで「ピッ、ピッ、ピッ」と間（あい）の手を入れていたら、これはもう完全に発情している。メスのジュウシマツはオスの歌が気に入ると間の手を入れるのだ。この歌は窓の外で鳴いているメジロでもいいし、テレビから聞こえる人間の歌でもいい。鮫島有美子の歌曲や渡辺貞夫のサックスに聞き惚（ほ）れていたこともある。本来は同種のオスの歌に反応するはずなのだが（でないと交尾する相手を間違ってしまう）、歌ってくれるオスがいないので待ちきれなかったのか、２世紀以上も人間に飼われていたせいで種間の違いにこだわらないほど歌が好きになったのか（飼い鳥なら繁殖相手の種は人間が判定してくれる）、とにかく歌っているのが鳥であろうが人間であろうが、歌っぽいものには反応する傾向があった。もっとも歌番組でアイドルグループが歌いだすとプイッと巣に戻ったこともあるので、ピーちゃんなりに好みはあったに違いない。

考えてみれば、人間の歌が鳥にとってもちゃんと「歌」に聞こえるのは不思議な話なのだが、そもそも人間の音楽というものが、鳥の歌を取り入れてきた部分はあるのかもしれない。はっきりと意図的なものとしては、ベートーベンの「田園」やビバルディの「春」の旋律には、描写として鳥の歌を取り入れた部分がある。ただ、たとえそうだとしても、鳥の歌の音質やメロディやリズムが、人間にとっても美しく心地よいと感じられる根拠はわからない。やっぱり不思議である。

さて、ピーちゃんは何日か歌に聞き惚れると、こちらに尻を向けて尻尾を振る。これは交尾を誘う行動だ。小鳥のメスはオスの歌を聞くことで内分泌系の活性が変化し、繁殖の準備が進むのである。だが、残念ながら、相手を完全に間違っている。

この時期が過ぎると造巣を始める。実際に交尾したかどうかは関係ない。歌を聞いて、自分が思い定めた相手に求愛すれば、巣を作ってもよいことになるらしい。ピーちゃんは

若鳥のときから壺巣で寝ていたので、鳥かごには壺巣をずっと入れたままにしていた。つまり巣はすでにあるわけだが、どういうわけか、「自分で巣を作る」という行動をしない限り、産卵には進めないらしい。そのくせ、自分で作るといってもイチから作る必要はないのだ。藁一本でもいいから壺巣に編みこめば、ピーちゃんの頭のなかでは「巣を作った」ことになる。適当な藁がなければ、壺巣をほぐして藁を引き抜き、

産卵場所に編みこみなおす。あるいは、エサ用の青菜をちぎって、適当に床に押しこむ。これで「巣を編んだ」ことになる。じつに儀式的というか象徴的なのだが、巣材をくわえて押しこんで引っ張って、という一連の動作を完了しないと、次の行動のスイッチが入らないようなのだ。

　これが終わると産卵である。だいたい白ジュウシマツは病弱な傾向があるようで、しかもピーちゃんは小柄なこともあり、産卵数は1個から3個くらいだった（ふつうの並ジュウシマツは5、6個、ときにはもっと多い）。卵を産むと、機嫌よく抱く。この間は滅多に外に出てこなくなり、エサを食べるとすぐ、巣に戻ってしまう。ふだんは愛想のいい子なのだが、この時期だけは、巣を覗かれることをひどく嫌がる。壺巣の中で卵を抱えたまま後ずさりし、「ムジュジュジュ……」と不機嫌そうに声をあげるばかりだ。

　残念ながら、交尾相手がいないので、卵はすべて無精卵である。だから孵化することはない。ジュウシマツの卵が孵化するまでの期間は2週間くらいだが、この間、ピーちゃんはとても熱心に卵を抱いている。

　ところが2週間を超えて数日たったとき、突然、ピーちゃんの「抱卵タイマー」が切れる。夢から覚めたように抱卵をやめて巣から出てくると、「何してたんだっけ」みたいな顔でこっちを見て、パクパクとエサを食べる。止まり木に止まって羽づくろいを始める。巣を覗いてもべつに嫌がらない。それどころか、巣に入ると昨日まで必死に抱いていた卵を不思議そうに眺め、あまつさえ「何これ、邪魔、邪魔」と言わんばかりに蹴飛ばして隅に転がしてしまう。ジュウシマツはあるとき、突然、「卵を抱かなくては」という想いを忘れるのだ。

これは非常によくできた「スイッチ」である。ジュウシマツが抱卵を忘れるのは、本来の抱卵期間プラス数日が経過したときだ。万が一、発生がちょっと遅れただけの可能性も考慮して、少し待ってみる。だが、野鳥には、孵化しない卵を何日も待ち続ける暇などない。一刻も早く体力を回復させ、新たな卵を産まなければ、今年の繁殖期は過ぎてしまう。飼い鳥として品種改良されたジュウシマツもこれは同じで、猶予期間が過ぎると容赦なくスイッチが切り替わり、卵を抱くことも、自分がどれほど卵を大事にしてきたかも、すべてをきれいさっぱり忘れる。「気持ちを切り替えてリセットしなきゃ」などと悩む時間すらもたない。

卵は単なる邪魔ものというだけではない。何かのはずみに卵を割ってしまうことがあるのだが、ピーちゃんは割れた卵をしばらく眺めた後で食べはじめる。これは、たとえ抱卵期間中であっても同じだ。割れてしまったら卵とは認識されず、別のスイッチが働くのである。くちばしをつっこんで黄身をきれいに舐(な)め、最後は殻までパリパリと食べておしまいだ。

この行動は、理屈からいえば非常に合理的なことである。産んでも孵化しなかった卵は、言ってみれば無駄になった投資だ。卵には貴重なタンパク質や脂質やミネラルがたっぷりと含まれている。孵化しなければ丸損だ。その投資を回収するにはどうするか？　はい、食べてしまえばいい。消化吸収率が100パーセントではないから完全に回収はできないが、何割かは体に戻すことができる。それを次の産卵の栄養の足しにすればいいのである。

これも、「葬送」という概念をもった我々からすれば、恐ろしい話ではある。だが、鳥はそんなことを考えない。鳥類の行動のなかにはきわめて定型的・自動的で融通の利かないものがあり、プログラムされた機械のように振る舞うことも少なくない［＊1］。こういった行動の詳細に関しては、飼育して初めてわかることも多かった。ピーちゃんを間近に見ていたのは、鳥類を理解するという意味でも貴重な経験だったと思う。

さて、ピーちゃんは放っておくと月1回くらいのペースで産卵する。あの小さな体で毎月卵を産むのは負担が大きいはずで、卵詰まりでぶっ倒れたこともある。にもかかわらず、回復するとまた産む。そこで、「巣がなければ卵は産まないのでは？」と考え、せめて暖かい夏の間は壺巣を取ってしまうことにした。冬は巣に入っていないと、電気毛布を鳥かごにかけてやってもなんだか寒そうなので仕方ない（実家は冷暖房が嫌いで、室内でも冬は寒かった。冷房はそもそもない）。

ところがこれが大変であった。ピーちゃんは生まれてからずっと、壺巣でしか寝たことがないのである。止まり木でうたた寝していることもあるくせに、巣がないと不安で片時もじっとしていない。夜中まで巣を探してソワソワしているので、母親が「これなら」と持ってきたのが、萩焼（はぎやき）の小さな壺であった。見たこともない壺を入れられたのでよけいに怖がって飛びまわっていたピーちゃんだが、母親がずっと付き合って「お願いだからそのなかで寝てちょうだい」と頼んだところ、ヒョイと壺に入って中を見回し、「まあいいわ」という顔でコトンと寝てしまった。

さて、焼き物の壺にしたのは理由がある。前述したように、ジュウシマツが産卵するときは「歌を聞く」→「求愛する」→「巣を作る」→「産卵する」というパターンをふむ。これは「ある行動を完了する」→「次の行動のスイッチが入る」ということだ。だから産卵するには、形式的にでも巣を作らなければならない。そして、どうやら「巣材を編みこむ」という動作があれば、巣を作ったことになるらしい。だが、焼き物のツルンとした壺には、何かを編みこむことができない。ならば、行動はここでストップしてしまい、産卵できないのでは？

はい、大当たり。ピーちゃんは壺をコッコッとつついてみるものの、「これでは巣ができない」と判断したらしく、夏の間は産卵しなくなった。

もっとも、とある研究室で飼われていたジュウシマツはさらに上をいき、巣が作れないと見るや、エサ入れの中に産卵して抱いていたそうである。ピーちゃんは壺巣しか知らなかったので大丈夫だったが、平巣で飼っていたら、たぶんやられていただろう。

私が博士論文の公聴会を無事のりきった翌朝早く、ピーちゃんは生涯を終えた。庭に墓を掘って埋めている間、すぐ上の桃の枝でメジロがさえずり続け、生け垣のなかをウグイスがついてきて、ヒヨドリとシジュウカラが庭木に止まり、ハシブトガラスとハイタカが上空を飛んだ。偶然だとは思いたくない。一度も外に出たことのないピーちゃんだったけれども、あの鳥たちは葬儀に参列してくれたのだと思いたい。

ピーちゃんの墓は今も、実家の庭の、桃の木の下にある。

＊1――人間の行動だってどこまで自覚的で意図的なものかといえば、これも疑うことはできる。文化や思想や好みといった言葉でいくらでも言い訳はできるが、その文化や思想がどこから来たか、と考えてゆけば、人間の行動もケダモノの時代から完全にフリーなわけではないだろう［＊2］。

また、たとえば自発的に右手を上げるとき、脳が意識的に「右手を動かせ」という指示を発するより先に、右手の筋肉には運動準備電位が発生する。運動準備電位というのは、筋肉の作動に先だって発生する電位変化だ。つまり、明確に「動かせ」と意識するより早く、筋肉は先に「よし動かすぞ」と決めているわけである。このことから、人間の意識は「後から自分の動きを確認し、もっともらしい意味づけを与えて辻褄を合わせるだけのものだ」という見方さえある［＊3］。

＊2――だからってケダモノのように振る舞うのが正しいという意味ではまったくない。何が正しいかは自分で決めるべきである。「だが断る」と言えるのが人間の理性であり、理念や理想であり、人間らしい判断というものだ。

＊3――これについては解釈が難しく、いちいち意識しなくてもいいような単純な運動が反射的に行われているだけだ、という可能性も高い。だとしても、ふだんの慣れた動きについては、自分で思っているよりも無意識に行動している部分が大きいかもしれない。いつものところに置いたはずなのに、改めて思い出そうとするとどこに鍵を置いたかわからない、なんてことは誰しも経験があるだろう。

日だまりの膝枕

京都でカラスを調査していた、大学院生のときのことだ。その日はハシブトガラスの営巣を、腰をすえて見るつもりだった。「97―3」がちょうど営巣しているはずなので、繁殖ステージも確かめたいし、給餌頻度も見たい。どっちから飛んでくるかも確かめておきたい。もしメスが動くようなら追跡もしたい。

97―3というのは、下鴨神社の馬場の途中に住んでいるハシブトガラスのペアだ。97は年度、3はその年の3番目に縄張りを確認したハシブトペアということだ。ハシボソだと97―Aから順番にアルファベットで付ける。年度をまたぐと番号が変わってしまうのが面倒だが、同じペアは同じ縄張りをずっと使い続ける、という保証がないので、とりあえず、毎年新たに番号を振ることにしていた。

巣の位置はわかっている。河合(かわい)神社の裏手の、大きなクスノキのうちの一本だ。クスノキは傘を広げたような形に枝を伸ばすので、根元まで行って見上げれば、巣はバッチリ見える。だが、カラスからもバッチリ見える。巣の真下で堂々と見ていたら給餌にこないし、すんげー怒るし、攻撃されたら自分は避(よ)けられると思うけど、観光客が巻き添えを食う。ところが、離れた場所からだと全然見えないのだ。巣は樹冠(じゅかん)が作る「傘」の内側にあり、よく茂った葉っぱで覆われている。巣を隠すという点では、うんざりするほどよくできている。

しばらく歩いて、馬場の道ばた、河合神社の塀の近くから見ると、ちょうどいいあたりに葉っぱの隙間があるのが見えた。しかも、ちょうど座れるくらいの岩がいくつか転がっている。望遠鏡を立てればなんとか巣が見える。厳密に言えば、巣は端っこしか見えないが、メスが座っていれば体の一部が見える。ていうか今、見えている。暖かい日なので陽(かげ)

炎(ろう)が立って見づらいが、黒い穴のように見える葉陰の暗がりに、さらに黒く見えるのがメスの尻尾と後頭部ではないか。

ノートを出して時刻と場所を書きつけ、走り描きの地図を添えて、どういう状況かをざっと記録しておく。

「10:53　97-3巣　定点　♀in　Inc?　抱ヒナ?　♂いない」

ノック式3色ボールペンのペン先は戻さず、しおり代わりにノートに突っこんで挟んでおく。これで、次に書くときは一発でページを開いてそのまま書ける。3色なのは複数の個体の移動を記録するとき、色を変えて描き分けることがあるからだ。以前は黒ボールペンをメインに使い、必要なときに赤ボールペンという2本持ちもしたことがあるが、2本のペンをノートに差したりポケットに戻したりが面倒なのでやめた。赤のほうを髪の毛に突き刺しておくという手もあるのだが、やはり、歩いたり走ったりしていると落とすことがある。3色ボールペンも赤で書いた後、黒に戻すのを忘れていて、ノートに次の情報を書いたら突然意味もなく赤字にしてしまう、という欠点もあるのだが、「これ1本だけ持っていれば何とかなる」という安心感はある。

「11:05　♀　むこう向いてる　動き見えず」
「11:06　♀動く　こっち向き」
「11:14　クチバシ巣内in　転卵(てんらん)?」

略語が多いのは手っとり早く書くためだ。どうせ自分しか読まないのだから、少々恥ずかしい用語でもべつに気にしない。地図も簡単な線の組み合わせだけ。「糺」とか「高野」とか「御」とか「SKZ」とか書いてあれば、自分にはそれがどこなのかわかる（「糺」は下鴨神社の糺ノ森、「高野」は高野川、「御」は御蔭通、「SKZ」はSAKIZOと書いてあるマンションのことだ）。

カサッ

落ち葉が鳴った。風ではない。風を感じなかったし、音も違う。軽い枯れ葉が一枚転がったのではなく、何枚も押し上げたような音だ。目は望遠鏡に当てたままだが、耳だけ音源に向けるような気持ちで、音の出所を確認する。

右前方。距離、1メートル強。おそらく、大型の虫か小型爬虫類。危険な相手はやめてくれ……マムシはいないだろうがムカデはあり得る。いつだったか鳥類調査のバイトの定点でベストの背中に、でっかいムカデがよじ登ってやがったことがあった。あれはカンカン照りの駐車場の真ん中だったが、いったいどこから来たんだか。

カサッ　カサッカサッ　カサ……

ムカデの音ではなさそうだ。ネズミということはあり得るかな？　望遠鏡から目を離し、ちらっと視線だけ音のほうに向ける。あ、なんか動いた。

赤褐色と黄褐色が見える。ヌメッとした感じの、魚体のような光り方だ。色的にヘビだとしたらシマヘビの子ども？　でもテカテカしすぎ。あ、わかった。このテカリ具合、細かくて滑(なめ)らかな鱗(うろこ)の反射だ。ニホントカゲ、それも完全に大きくなったやつだ。林床(りんしょう)に顔を出したトカゲはクイと顎を上げると、体をくねらせて落ち葉の間から這(は)いだし、そのままこっちへ歩いてきた。

臆病なニホントカゲがこの距離で全身を見せるのはなかなか珍しい。しかも、こっちへ来たいらしい。この岩の下なんか、隠れやすそうだしな。それはいいのだが、私の足下にはデイパックが置いてあって、中身を取りだしやすいようにジッパーを開けたままで、トカゲはそのデイパックに向かっている。通るのはいっこうに構わないが、デイパックの中に入りこむのは、カメラやノートの下敷きになる危険がある。入りこまれてから捕まえて外に出すとなると面倒だし、デイパックの中で切れた尻尾が跳ねまわるというのも、あまり気持ちよくない。さりとてここでデイパックを閉じようと身動きすれば、せっかくの散歩を邪魔してしまう。さてどうしたものか。

そう思っていたら、爪先に微(かす)かな圧力を感じた。トカゲが私の右足先にヒョイと前足をかけ、グイと上を向いたのだ。ふむ、と思っていると、そのまま靴の上に登り、ジーンズに爪を立ててよじ登りはじめた。

これは予想外。

脅かさないようにじっとしていると、膝まで登りきって太腿に移り、脚の上に置いた右手を乗り越え、身をよじらせてウエストパックに登った。そこで止まるかと思ったが、左足側に滑り下り、左手の甲にかすかに爪を感じさせながら通り過ぎ、左膝まで達したところで止まった。そして二、三度、顔をちょっと傾けて、慎重に温度を計るように下顎をジーンズに押しつけ、「うん、よし」といった調子で、ペタンと膝の上に寝そべってしまった。そのまま動かない。瞼がゆっくりと上がり（トカゲの目は下から上に閉じるのだ）、トカゲは薄目を開けた状態で昼寝を始めた。

トカゲに膝枕するのは初めてだなあ。これバスキング（体温調節のための日光浴）だよな？　黒いジーンズは暖かいから？　あー！　わかった。この岩、こいつの日光浴ポイントだったんだ！　今日は俺が座ってたから、「なんか違うなー」と思いながら登ってきて、でも暖かいからまあいいやって寝ちゃったんだ。叩き起こすのはかわいそうだから、なるべく驚かせないよう、じっとしていることにした。

膝の上には微かな重み。トカゲは目を閉じて、気持ちよさそうに寝ている。邪魔しないよう、体を動かさないよう。トカゲの重さを感じながら日だまりに座っているのは、予想以上になんだか幸せな気分だった。

カラスが動くまでは。

巣にいたメスが立ち上がり、ピョンと飛び跳ねて巣の縁に止まった。飛ぶ気だ！　流れるように右手が動いて胸元にぶら下がった双眼鏡をつかみ取り、目の高さまで持ち上げながら左手が反対側からガシッと捕まえ、ブレを止める。だが、この唐突な動きをトカゲが無視できるわけはなかった。瞬時に飛び起きたトカゲ君は、膝の上から一気に地面に飛び下り、そのままダッシュして落ち葉の下に逃げこんでしまったのである。

ごめんねー。

落ち葉の下の世界

パッと見ても見えないほど小さい生物というのは、山ほどいる。だいたい、小さいということは狭い場所で生きていけるし、資源もあまりいらないということなので、小さいやつほど数は多い。合計体重はともかく数で比べる限り、小さいやつがいっぱいいるのは当然なのだ。

「こんなところに◯◯が！」というのは除菌やら殺虫剤やらのCMでよく聞く言葉だが、

いくら気にしようが地球は生物であふれているのだから、気にしすぎても仕方ない。

実際、天気のよい日にピクニックに行って、芝生にでも座ったとしよう。そこで芝生に寝転がって、地上5センチの視点を体感してみると、いろいろと、世界が変わる。地上5センチというと小動物の目線だが、彼らの目から見ると、草の間にはもう、ありとあらゆる種子だのなんだのが落ちていて、アリやらクモなんぞが草を乗り越えながら歩いているし、葉っぱには小さな芋虫やカタツムリがついているのである。セキレイやムクドリが延々と地面をつついているのも当然だ。カタツムリ枝に這い、世はすべて事もなし。地球は生命であふれた星なのだと実感できる。ただ、公園でデート中にこれをやった場合、以後の予定が台無しになる可能性は否定しない。

土から窒素化合物やリン化合物などの無機物を吸収し、さらに光合成によって炭素化合物を作って植物が育ち、その植物を草食動物が食べ、草食動物を肉食動物が食べ……という流れを食物連鎖とか食物網というが、物質はこの連鎖にのって循環している。生物の身体を構成する物質は、これを食べた生物の身体となるか、代謝されて体外に排出され、二酸化炭素は空気に戻り、排泄物は土に戻る。そしてふたたび、植物を育てる。生態系とは物質の循環にほかならない。生物が死んだ場合も、その死骸はさまざまな生物がエサとして利用しては分解し、やがて土に還る。カラスが死骸を食べているのも、有機物を分解して無機物に戻す長い過程の第一段階なのだ。カラスが分解しきれなかった部分は、もっと小さな動物が食べてどんどん細かく分解してゆく。

だが、目で見てわかる生物など氷山の一角にすぎないのである。土の表面付近には無数の生物がいて、黙々と生を営んでいる。有機物を嚙み砕き、さらに細かく分解し、化学的により単純な構造に変え、有機物を無機環境に戻しているのが、こういった生き物たちだ。ダンゴムシもトビムシもダニもミミズも線虫も菌類も細菌も全部関わっている。

こういった生物は「分解者」とひとくくりにされるが、細かく見ていけば非常に多様な世界をもっている。彼らを食べる小さな捕食者もいる。クモや捕食性のダニがそうだ。我々の足下には、ヒトのような、うすらでかい生物の目にはとまらない生き物たちの世界が広がっている。そこだけでもう、無限の広がりをもった別世界だ。彼らのスケール感からすれば、公園ひとつだって我々にとっての惑星一個くらいの広さに相当するだろう。

河川敷でチドリ類の食性を調査してみると、チドリは汀線あたりをテテテ、テテテ……と走っては、何かをついばんでいる。だが、目に見えるサイズのものを食べていることは、滅多にない。ごくごくまれに、砂の中から何かを引き抜いているのが見えることもある。何か、ミミズみたいなものだ。それ以外は全然見えない。ということは、望遠鏡で拡大しても見えないくらい小さい、くちばしの先に収まってしまうようなものしか食べていないのだ。後にフンを拾って分析したら、エサの多くは非常に小さな水生昆虫、ユスリカやトビケラの幼虫であることが確かめられた。

チドリが見ている世界を実感しようとして、汀線に行って、じーっと水面を見てみる。何も見えない。しゃがみこんでじっと見る。まだ見えない……いや、何か、微かな動きがあったような？　そこで、水の滲(し)みだしてくるのも構わず地面に膝をつき、顔を水面に近づけてみる。

水と砂と礫(れき)が作りだす地形は、拡大すると海岸線を空から見ているようだ。水際には緑色のドロドロしたものが溜(た)まっている。藻(そう)類が繁殖しているのだ。この、水に浸(つ)けたトロロ昆布みたいなものの間で、水面がユラリと虹色に光った。そこで水が動いて、反射の様子が変わったのだ。

目を凝らすと、藻類の間で動いているものがいる。体を左右に大きく振る、激しい動きだ。ルーペを近づけてみると、ピンクがかった褐色の細長い昆虫。ユスリカの幼虫だ。そのままルーペで見ていると、何かわからないが、スーッと動いてゆくものや、ゆっくり伸び縮みするものなんかも見える。スケールが違うだけで、海の中や森の中と同じく、さまざまな生物の住まう生態系がそこにあるわけだ。

ほんの掌(てのひら)一枚ほどの範囲の、水深2センチくらいの世界にさえも。

大学の実習で土壌生物の観察をしたことがある。大学の裏山に連れていかれて、どこでもいいから土を採取して実習室に持ち帰り、実体顕微鏡で覗いてみろと言われた。土を適当にバラしてシャーレに入れ、顕微鏡で覗いた。いや、実のところ、シャーレに入れた段階で目を凝らせば「なにかいる」のはわかった。小さな小さな点みたいなものがモゾモゾと動いていたからである。

拡大してみたら正体がわかった。この、脚と尻尾の生えたソーセージの親戚みたいなのはトビムシだ。お尻にある跳躍器を使ってピョン！　と飛び跳ねては、視界から消え失せてしまう。巨大なクモがシャカシャカ歩いているが、肉眼で見れば3ミリほどの大きさにすぎない。何グモかわからないが、とにかくふだんは気にしてもいないような小さなクモだ。その隣をもそもそ動いているのはダニの仲間。もっと素早く動くダニもいる。肉眼で細い糸みたいなのがいると見えたのは、小さなミミズ。もっと小さい、極細の糸くずみたいなのは線虫だ。線虫というと寄生虫かと思われそうだが、たいがいの線虫はそのへんで静かに暮らしていて、まったく無害である。土の下で黙々と有機物を無機物に戻している連中なのだ。

地中というとミミズが動いているくらいで退屈だと思うかもしれないが、ときには、我々の想像を超えてアクティブな世界でもあり得る。屋久島の山中でサルの定点調査をしていたある日、私は倒木に座って、「サル鳴かないかなー」と思いながらぼんやりしていた。

そのとき、ちょうど私が目を向けていたあたりで、地面を覆っている落ち葉がカサカサッと動いた。おや何だ、と思ったら、落ち葉をはね除けるようにミミズが飛びだしてきた。比喩的な表現ではない。落ち葉の下から、スポーン！　と体を伸ばして飛びだしてきたのである。そのまま地面に落ちたミミズは、ジッタンバッタンと転げまわるように激しく動いた。いったい何があった。何かに噛みつかれてでもいるのか。

そう思った次の瞬間である。ミミズが飛びだしたあたりの落ち葉をドカーン！　と跳ね飛ばして、黒い何かが土を割って出現した。わあ、地底怪獣！　ではなく、モグラだ。全速で逃げるミミズを追いかけて、地表まで飛びだしてきたのだ。

ジタバタしていたミミズはやっと地面を捉えたのか、ふたたび、落ち葉の隙間にグイと潜りこみ、あっという間に土の中に消えた。そして、地上に飛びだしたモグラも、間髪入れずにミミズの跡を追って地面に潜っていった。我々が知らないだけで、土の下では臭いと震動を頼りに、想像を超えるパワーとスピードで追撃戦が行われているらしい。

モグラというのは妙な生き物だ。昔、実家の裏の畦道を歩いていたら、田んぼの脇で草がガサゴソと揺れているのに気づいた。覗きこむと、掌に乗るほどの大きさの、艶のある黒褐色のケモノが動いていた。ズングリした体に細い鼻先、グローブのような大きな掌は見間違いようもない、モグラだ。

田んぼの縁に打ちこまれた土止めのトタン板にぶつかってしまい、掘り抜けずに地上に出てきたのか。それとも何かの事情で地面に出てきて、歩いているうちにトタン板に行き当たったので、波板にそって歩いていたのか。季節を覚えていないのだが、初夏のちょっと汗ばむくらいの時期だったような気がするので、ちょうどモグラが地上に出てきやすい季節だったかもしれない（6月ごろに地上での目撃が増え、フクロウなどに食われることも増えると聞いたことがある）。

生きたモグラを手に取ったのはこのときだけなのだが、何より印象的だったのは、手触りのよさだ。その毛皮はじつに滑らか。かつ、ツヤツヤしている。うわ、すげー気持ちい い。そういえばモグラの毛皮は超高級品だって聞いたような気がする。モグラの毛は体から垂直に生えているので、まさにビロードのような手触りなのである。「前から後ろ」というふつうの哺乳類のような毛並みがないのは、狭いトンネル内をバックする場合があるからだ。毛並みがあると引っかかってしまう。

平べったい前足は掌を外に向けて構えられている。まるでケラのようだ。手に乗せていると指をこじ開けようとするのもケラと同じだ。だが、モグラはケラよりずっと力が強い。手から落ちそうになったので両手でつかみなおした途端である。

「ブキイッ！」

怒ったブタのような一声とともに、私は右手の指をガリッと引っ掻かれた。痛っ！　思わず開いた手の中からモグラは無事脱出し、草むらにポトンと落ちると、また草を揺らしてチョコマカと去っていった。

モグラが鳴く、という話は他に聞いたことがないのだが、たしかにあのとき、そういう声を聞いた記憶があるのである。

さて、学生実習での土壌生物の観察が終わって、土を山に戻しにいったときのことだ。教官が「こういう落ち葉の溜まったところは種類も個体数も多かったでしょ」と話を振ってきた。たしかにそうだ。雨の流れる、赤土が剝き出しのところにはあまりいなかった。赤土が剝き出しということは栄養となる有機物が溜まらないところだし、生物自身も流されてしまう。

落ち葉の積もり方には地形も関係している。窪地の平らなところなんかはフカフカに落ち葉が積もるものだ。誰かがそういう場所を見つけ、「うわ、ここすげー!」と叫んだ。なるほど、踏んだだけでわかるフカフカ加減。寝転がったら気持ちよさそう。落ち葉のベッドだ。

「すげーなこれ」

「でもこの下にミミズいるんだぜ」

そう言いながら、誰かが脚を伸ばして、靴先で落ち葉をガッとどけた。

落ち葉の下には破砕されて腐朽して土に近くなった落ち葉……ではなかった。そこにあったのは、妙にケバ立って、灰色で、しかもモゾモゾしているように見える地面だった。目の錯覚か？　何人かがかがみこんで、それから全員が気づいた。落ち葉をどけた直径15センチほどの区画は、びっしりと毛虫で埋まっていたのである。

「うわあ！」

全員が一歩、飛び下がってから、おそるおそる覗きにいった。なんだこれ。マイマイガみたいな蝟集性の幼虫か？

「ケバエとちゃうか。幼虫は集合して越冬するからね」

覗きにきた先生がそう指摘した。ケバエ……名前しか知らないが、こういうものなのか。

ここで、我々の間にふと疑問が湧いた。

「これ、どこまでおるんやろ？」

何人かが、ケバエのコロニーの周囲の葉っぱを枝でどけてみた。直径30センチになっても、50センチになっても、ケバエは途切れなかった。周囲を輪になって囲んだまま、我々は枝を拾って、落ち葉をかき分け続けた。かき分けるほどにケバエ・サークルの範囲は広がっていった。最初は我々が囲んでいる範囲の中心だけがケバエだったのが、囲んでいる範囲の大半がケバエになってしまった。

ケバエの前線は、私たちの足下まで来た。まだ途切れる気配はない。

我々は黙って、申し合わせたように、山と積もった落ち葉をそっとケバエの上に被せると、そそくさとその場を立ち去った。

自分たちがおそらくはケバエの絨毯(じゅうたん)の上に立っていることに気づいたからである。

緑の迷宮を脱出せよ

1

「クボ、ライト持ってるよな?」

「持ってるよ、テントの中に置いてきたけど」

「……おい」

1993年12月末。私とクボは、屋久島の森の中で途方にくれていた。

大学に入った年の夏、野外調査というものを経験したかったので、ちょうど調査員を募集していた屋久島のニホンザル調査に参加したのが、屋久島とサルに関わるようになったきっかけだった。この調査にはあちこちの大学や研究機関から研究者や大学院生が参加し、さらに学生もいっぱいいた。その後、その人脈でメンバーを募集しつつ、この調査は現在

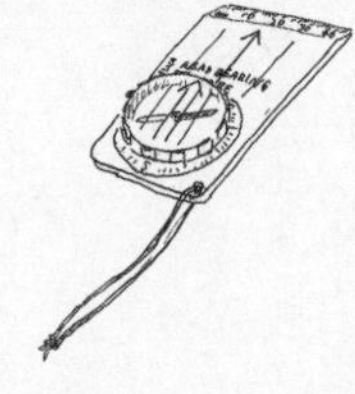

も続いている。クボもこの調査に参加していて知り合った人で、生物関係の専門学校の学生だった。

さて、93年冬の調査地は今後に備えてルートを開拓しておこう、という場所で、とんでもなく長いルートがいくつかあった。最悪なのはキャンプ地から尾根を上がり、途中で大川(おおこう)の谷底に突っこんでいって、そのまま大川を徒渉(としょう)して花山(はなやま)歩道側の斜面を上がり、花山広場に達するという常軌を逸したルートだ。デイパックで行って戻るだけでも一日仕事なうえ、あまりに険しいので事故が怖い。

それよりはマシだが、いい加減ひどいのが、辻(つじ)北尾根ルートである。キャンプから林道を2キロほど歩いたところで瀬切(せぎれ)川に下り、平瀬(ひらせ)と呼ばれる場所に出る。ここで川を徒渉したら、目の前が尾根の突端。永田歩道上の「竹の辻」と呼ばれる場所から2本の尾根がほぼ平行に走っているので、辻北尾根・辻南尾根と呼びならわしていた。実際に行ってみると、非常にまぎらわしい尾根がもう一本、辻北と辻南の間にあることがわかり、これは辻中尾根と通称された。

辻北尾根の向こうは、そこそこ深い谷だ。その向こうはどうなっているのかわからない。国割岳(くにわりだけ)に通じる山塊の一部である。辻北尾根と国割を隔てる谷間には川があり、我々は「竹の汁」と呼びならわしていた。フェリー乗り場の島内案内看板に「竹の辻」が誤って「竹の汁」と記されていたからである。

「竹の汁ってなんだ?」

「わからんが、汁があるんだろうな」

「てことは、何か流れてるのか」

「たぶん、あの川が竹の汁なんじゃないのか」

こんな会話でなんとなく決まった地名だったように思う。


さて。この日、我々はなんとか辻北尾根を踏破して、竹の辻まで到達しようとしていた。どうにも遠いうえに道に迷いやすく、おまけに上のほうは藪(やぶ)がひどくて、それまで完全踏破できていなかったのである。

その日も到達はできなかったが、あとせいぜい100メートルくらい、というところまでは行って、「あの尾根筋が永田歩道だろう」と確認したので、引き返すことにした。あと少しなら行けばいいようなものだが、登山道に「出会う」のはけっこう難しいのだ。屋久島の登山道は荒れているので、はっきり言って、道には見えない。道の上をずっと歩いていればわかるが、交差するように歩いていくと、道に気づかずにまたぎ越える恐れが多分にある。これをやってしまうと「おかしい、このへんのはずだが」と何十分もウロウロすることになりかねない。

日の短い冬、しかも山の日暮れが早いことを考えると、どんなに遅くても4時半には林道に到着していたい。林道に出たところからキャンプまでは、まだ30分も林道を歩くのだ。時間的にはかなり押していて、山を下りはじめた時点でもうぎりぎりという感じであった。

ところが、ダッシュで辻北尾根を下っていた我々は、サルの声に気づいてしまった。

「鳴いた！」

「右やな、谷底か？」

「だいぶ遠いな……複数おる？」

「おるな」

谷の下から「キャー」「ギャー」「ホイヤー」といったサルの叫び声が聞こえてくる。最後の「ホイヤー」はロストコールだ。誰か迷子になったらしい。サルは群れからはぐれると、ロストコールを出して仲間を呼ぶのだ。コンパスを出して方位を確かめ、ノートに記録する。

「行ってみる、か？」

「せや、な……」

我々がためらったのは、事情があった。時間ぎりぎりで寄り道している余裕はほとんどないのだが、今日はサルのデータが少ないのだ。少しでもデータは欲しいところだ。何より、この尾根の少し上のほう、通称「けんけん山」での音声記録はあるが、他に辻北尾根北西側の谷間からのデータがない。さっきの声でサルが複数いるのはわかったが、メスを含む「群れ」なのか、単なるオスグループなのかわからないとデータとしての価値が下がる。

「松原、今どのへん？」

「さて、わからんなあ」

作業用のベストの懐から地図を出して眺める。辻北尾根はダラダラと長い尾根で、尾根の方向や傾斜の具合に明確な特徴がない。けんけん山への分岐は通過したが、その後、コブをいくつ越えたか覚えていない。つまり、現在位置がよくわからないのである。

「標高は？」

私は腰につけた気圧高度計を手に取り、表示が安定しているのを確かめてから、数字を読んだ。

「970メートル、けっこう下ってんな」

「気圧補整してる？」

「いや、今日は朝に一回だけやな。どこまで信用してええかわからん」

気圧高度計を素直に信用するなら、この尾根上の標高970メートルの地点にいる、ということにはなる。なるのだが、気圧高度計はあくまで、「前に標高を設定した場所の気圧と比較した結果、ここは標高○○メートルのはずです」と示してくれるだけだ。天候の変化によって気圧自体が変動すると数字がずれる。朝、出発するときにキャンプ地の標高である1050メートルに合わせなおしておいたが、今日は一日じゅう動き続けていて、途中で高度を補整している余裕がなかった。本当は標高のわかる地点に出るたびに、こまめに合わせておくべきなのだ。くそ、さっき、けんけん山でせめて高度計の示す数字を見ておけば、どれくらいズレているか見当もついたのに。表示が安定するには数分かかるので、止まっている時間を惜しんだのが裏目に出た。

「今、標高970メートルやったら、どれくらい降りたらええん?」

「大した距離とちゃうな」私は地図上の距離を、コンパスについた物差しで測りながら答えた。「水平方向に250メートルくらい。標高差で100メートルもない」

「ほな、パッパッて行って帰ってきても大丈夫ちゃう?」

「まあ、そやな」

かくして私とクボは、尾根の側面の急斜面を下りはじめた。「歩いて下りる」というよりは、スキーで滑降(かっこう)しているような、体を横向きに構えての移動である。まっすぐ下がったら転げ落ちる。

藪を潜ったり倒木を乗り越えたりしながら、途中で判断の間違いに気づいた。この谷はもっと深い。ということは、思ったより尾根の上のほうにいたということだ。やはり気圧がずれていたのだろう。なら、ゴールである尾根の終点からも、まだ遠い。しかもこの斜面の傾斜は相当きつい。登りなおすのは大変だ。

希望していたより大幅に時間を超過して、我々は谷底に到着した。目の前に川があり、数十メートル向こうで葉っぱがガサガサ揺れているのが見える。サルだ。3、4、5頭……よし、メスもいる。若い個体もいる。繁殖集団なのは間違いない。

「カウントいくぞ。アダルトオス1、アダルトメス1、ヤングアダルトメス1、ガキザル1」

サルの性別は生殖器を見て判断する。だが、尻を向けていなくても、頭で一応はわかる。とくにヤクシマザルの場合、頭の毛が「桃割れ」と言ってセンターから左右に分けたような髪型なのがオス、前髪あたりがパーマをかけたようにチリチリしているのがメスだ。尻の赤みが薄いやつは若い。性成熟していない年齢なら尻が白っぽい。子どもは体がうんと小さいし、若いやつも体つきが細いので区別がつく。この調査に参加したとき、性別・年齢の見分け方は最初に習った。初参加だろうがド素人だろうが、目の前にサルの群れが現れたらカウントして記録しなければいけないからだ。

「ガキって何歳くらい？」

「3歳くらいかなー。若いメスもう1頭」

サルは5、6歳までは大きさでだいたい年齢が区別できる。生まれたての赤ん坊は母親にしがみついている。1歳なら自分で歩いているが、足取りがおぼつかない。2歳、3歳もまだまだヤンチャな子ザルである。5、6歳になるとオスなら生まれた群れを離れる年ごろだが、10歳を超える貫禄たっぷりのフルアダルトと並べば、ただのちっこいガキだ。

「全部でどれくらいおる?」

「わからん。あんまり多そうには見えへんけど」

「10頭よりは多いよな」

ニホンザルの研究では、メスを含む繁殖集団を「ムレ」と呼ぶ。ニホンザルは集団を離れたオスが「ヒトリザル」になることがあり、ヒトリザルが何頭か集まった「オスグループ」になっていることもあるが、オスグループは安定的な集団ではなく、繁殖集団でもない。一般用語ならどちらもサルの「群れ」になるが、メスを含む「ムレ」とオスだけが群れているオスグループは意味合いが違うのだ。ニホンザルは母系の集団を作り、生まれたメスは生涯、同じ群れに留まる。だから、ムレのなかには母ちゃん姉ちゃん伯母ちゃん祖母ちゃんがいて、家系が維持されている。オスは大人になるころに生まれたムレを出ていき、他のムレに入り、やがてまた出ていって別のムレに入るから、メスのような家系をもっていない。

さて、そそくさと観察を終えた我々は、急いで戻ることにした。

「なあ、今の斜面登りなおすの、ちょっと無理ちゃう?」

「絶対無理。下りてるときから無理って思ってたもん」

「トラバースして巻いてこか」

「しょうないな」

こういう道のない山を歩く場合、ルートがわかりやすく、移動も楽な尾根筋にそって移動するというのが鉄則だ。だから、セオリーから言えば一刻も早く尾根筋に戻り、そこから改めて稜線(りょうせん)を下るのが正しい。だが、我々は登りなおす大変さを考えて、トラバース、つまり斜面を等高線と平行に移動する方法を選んでしまった。

2

本当は、下ってきた斜面の様子を思い出せば、そこを横切るなんてことができるかどうか判断できたはずなのだ。谷底は転げ落ちてきた岩や倒木で埋まっており、到底、歩けるものではない。それに、いつ崖や滝に阻(はば)まれるかもわからない。最悪なのは崖や滝を下りたのはいいがその先で手詰まりになってしまい、かといって岩をよじ登って戻る方法もない……という場合だ。だから、谷底を歩くのはさすがに避けて、我々は斜面を強引に横切ってトラバースを続けた。

急斜面では、樹木は一度、斜面に対して直角に出てくる。そしてグイと向きを変えて、上に向かって伸びる。だから、足下にはJ字形に曲がった障害物がいっぱいだ。強引に突っきっていくと、突如、妙に平らな場所に出た。無意識のうちに谷底に下りながら、尾根の終点まで来てしまったのだ。この尾根の末端はだらだらと広がって平坦になるので、明確な尾根筋というものがない。なんとか尾根筋にたどり着いてルートに復帰するつもりだったのだが、まずいことに、正しいルートに戻れないまま、尾根が消えてしまった。

このあたりは「平瀬」と呼ばれ、瀬切川の渓谷のなかでは例外的にフラットな場所で、だからこそ徒渉することができる。このあたりでなければ、瀬切川は川辺に下りることもできないほど険しい谷である。だが同時に、フラットな土地は縦横無尽に水を流し、でたらめな凹凸を作りだし、方向感覚を攪乱(かくらん)する。本来なら目印として立ち木につけたテープを辿っていくのだが、おかしな方角から来たせいで完全に現在位置を見失ってしまい、ルートが見つけられない。

「とにかく瀬切川まで出んと埒(らち)があかんな」

「この水路辿(たど)ってったらええんちゃうん」

「せやな……ちょっと待て！　この流れ、反対向きやん！」

「ほんまや、ほんであそこで合流してまたあっち向き？」

「わからーん！」

このへんでもう、4時半までに林道に到着するという予定は諦めた。一応、30分くらいの余裕は見てあるので、4時半を過ぎたらすぐ真っ暗になって動けなくなる、というわけではない。平瀬で迷って時間がかかっているむね、トランシーバーで何度か他の調査員と交信を試みたが、誰も返事をくれなかった。おそらく、谷底からは電波が届いていないのだ。仕方ない、自力でなんとか脱出するよりない。

まわりはもう薄暗くなってきている。まもなく、ライトがなければ行動もままならない暗さになる。

「クボ、ライト持ってるよな？」

「持ってるよ、テントの中に置いてきたけど」

忘れてきたんかい！　私は幸いミニマグライトを持っていて、頭に取りつけるためのベルトも持っているが、このミニマグは安いコピー品なので、そもそも薄暗い。しかも電池の残量が心許ない。スペアの電池を求めてポケットと荷物を探ったが、しまった、サバイバルキットに入れておいた電池は昨日、他の用途に使ってしまった。それ以外の予備電池はザックに入ってテントの中だ。仕方ない、電池交換ができないなら、いよいよ最後までは点灯せずに温存しよう。どうしても道が見つからなければ、ここでビバーク（野宿）するしかない。最低気温は5度くらいか。どんなに冷えても0度。手持ちの装備を着こめるだけ着こんで、最悪の場合はそのへんの枝でシェルターでも組めば、死ぬことはないだろう……やりたくはないが。

地形がまったく読めないのでコンパスを頼りに方角を決めて踏破していると、小高い丘が目についた。よし、登ろう。これが正しいルートだとは思わないが、せめて、何か見えるかもしれない。

斜面を登っていくと、前方からザアアア……と水音が聞こえてきた。これは！　と思って走るように進んでいって、危うく足を止めた。目の前は崖になって、スッパリと切れていたのだ。足下は大きな渓流。この大きさは間違いなく、瀬切川だ。やっと瀬切川には到着した。問題は、我々が20メートルばかり高い位置にいすぎる、ということだ。崖を避けて右か左にずれなくてはいけない。

「どっち行く？」

「あっち、かな」

私は上流側を指さした。そっちのほうが、まだしも徒渉できそうな気がしたからである。そこから丘を下りると、すべてがまた木々に埋もれて何も見えなくなり、フラットで方向性のない森の中を彷徨（さまよ）った。

くそ、水辺はどこだ。右側には泥まみれの溝。その縁に枯れ木。枯れ木を右手でつかんで通り過ぎようとした瞬間、ふと、私はその枯れ木に見覚えがあることに気づいた。

そうだ、自分はこの枯れ木を前にもつかんだことがある。たしか一昨日（おととい）。瀬切川を渡った後、向こうから歩いてきた。そしてこの溝に足を踏みこみ、思ったよりぬかるみが深かったので枯れ木をつかんで足を引き抜いた。ならば……。

ヘッドライトを点灯して、溝の中を照らしてみると、まさにそこに、一昨日の自分の足跡があった。矢印を組み合わせたような特徴的な滑り止めパターンの靴底は、私の履いているグランドキングに間違いない。ならば、川はこっちの方角だ！

我々はほんの数分で、拍子抜けするほど簡単に、川っぺりに出た。

3

ここで川を渡り（と言っても薄暗くて足下が怪しいので、石の上を飛び移るのはやめ、川の中をザブザブと歩いた）、さて、問題は対岸でのルートだ。たしか、一昨日は林道から急斜面、というか崖みたいな傾斜を下りて、森の中を歩いて、川にそって上流に向かってから徒渉した記憶がある。数百メートルは歩いたはずだ。あのルートを思い出して辿れるか？

無理。絶対。

ルートには黄色か赤のテープがつけてあるのだが、日中ならともかく、この暗さのなかで探すのは不可能だ。だが、我々の前方、ごく近いところに急斜面があり、その上が林道であるのは間違いない。もう、登れるところを登るしかない。

周囲はすでに暗い。空を見上げれば案外明るいが、谷底にはもはや、日が差してこない。

仕方ない、この、壁のようにそそり立っている斜面を登りきるか。

ダメもとでヘッドライトを点灯し、目の前の斜面に足をかけた。上を向いて、枝を手でつかみながら体を引き上げる。少し登ったところで、視界が遮られた。朽ちた木の肌が目の前にある。倒木が行く手を塞いでいたのだ。直径1メートル近くあるだろうか。

「クボー、あかん。頭の上に倒木」

「登れそう？」

「太すぎるな。すんげーオーバーハングになってる」

「右か左に巻ける？」

巻く、というのは登山用語で難所を迂回してまわり道することをさす。左右に少しずれたら倒木の端まで行けないか、と聞いているのだ。

「無理。かなり長い。足下悪いし、下りて登りなおすほうがええ」

川べりまで下りて20メートルほど歩き、再び、登る。ライトはあるが、その明かりは頼りない。ほぼ手探りだ。その指先が、ザラザラした硬いものに触れた。この手触りは石だ。ライトで照らすと、右も左もずっと石。ていうか、岩。屋久島に特有の、大きな長石結晶を含んだ花崗岩の塊。どこまで続いているのか見当もつかないし、よじ登ろうものなら、間違いなく墜落する。くそ、さっきの倒木はこの岩にひっかかるように転がっていたのか。あるいは、岩の上に生えていて根が浅かったために倒れたのかもしれない。

なんにせよ、ここも駄目だ。また上流側へずれて、よじ登る。今度は頭上が少し見通せる。ちょっとくらいは通りやすいんじゃないか？　そう期待をもって伸ばした手が、またもザラザラと硬いものに触れた。今度の手触りは石ではなく、コンクリートだ。

振り仰ぐとコンクリートで固められた、ほぼ垂直の護岸があった。チクショウ、この真上、ほんの20メートルくらい上がったところが、間違いなく林道なのだ。だが、その距離を登る術(すべ)がない。もちろん護岸が途切れるまで横にずれればいいのだが、いったいどこまで行けば。

そのとき、私は左手にスギのシルエットを見た。暮れようとする最後の残照に浮かび上がる、若いスギの群落の影。若いスギというのは枝までが葉と同じようにトゲなので、できればお付き合いを遠慮したい相手だ。だが……。

「クボ、スギや！」

「？」

「スギが生えてるってことは、コンクリでも崖でもない！」

「あ！」

我々は藪の中をガサガサと抜け、スギの若木の中に潜りこんだ。いて、いて、いて……刺さる。ものすごい刺さる。しかも崖ではないというだけで急斜面には違いなく、手も使わざるを得ない。顔や首筋をスギのトゲがこすっていく。

ズルリと足が滑った。とっさに目の前にある立ち木をつかもうとして、寸止めした。幸いなことにシルエットが見えたその木は、大きなタラノキだったのである。長さ2センチもある鋭いトゲが突きだした幹を握ってしまったら大変だ。だが体は滑り落ちかけている。わたわたわた……えい、仕方ない。タラノキの隣にあったスギを握って体を止める。スギのトゲトゲに体重を預けるなんて気が進まないが、タラノキに掌を釘付けされるよりはマシだ。

血の滲んだ指を舐め、ふたたび、スギの中を潜るように前進する。ここしばらく上しか見ていない気がする。どれだけ進んでも、そこには登るべき斜面が存在し、四つん這い同然に登り続ける眼前にはいつも、落ち葉と枝に覆われた地面がある。1メートルより遠いところは消え失せた。世界はどこまでも、急な登り斜面とスギで閉ざされているのではないか。

そんな妄想にとらわれながら顔を上げると、すぐ上がちょっと広くなっているらしく、枝の間に空間が見えた。

「クボ、ここ抜けたらチョイ広い。1回休むぞ」

「おう」

目の前に被さるスギの葉をグイとかき分けたら、奥行き数メートルはありそうな平らな場所が広がった。目の高さはほぼ、その平面と同じ。顔の前に石ころがあって、同じような小さな石の転がる平面が広がっている。はて？　なぜここには落ち葉がない？　なぜ木が生えていない？　なぜ、目の前からまっすぐ水平に広がっている？　左右はどこまでも同じ状態。一瞬、頭が混乱してから、自分が何を見ているのか気づいた。

「クボ！　林道や！　林道に出た！」

その「空間」はちょっとした平地などではなく、目指していた林道そのものだったのである。私は最後の力で体を林道まで引き上げると、デイパックを放りだして寝転がった。

やった、とうとうたどり着いた！

すぐ後ろを登っていたクボも、林道に出てきた。出てくるなり「うわー、もう歩くのイヤやー！」と叫んだ。そうだ、キャンプはまだ2キロばかり先なのだったあ！　だが今はまず、ちょっと休憩しようや。

ふたりで水筒を出して水を飲み、自分たちの失敗を振り返った。

「やっぱり谷に下りたらアカンよなあ」

「あと、気圧高度計、信用しすぎたらアカンな」

「とにかくもう絶対動かれへん」

そうやってダべっていたところに、低いエンジン音が聞こえてきた。林道を蹴立てる、ガン、ゴン、ジャリッという音も聞こえる。音は上のほうからだ。キャンプからの車だ！

そう思った途端、カーブの向こうからヘッドライトが現れた。帰りが遅いので、先生が様子を見にきてくれたのだった。

我々は立ち上がると林道の真ん中に飛びだし、必死に手を振った。

さて、死ぬ思いで増やした谷底のサルのデータだが、結局この後はこの群れに出会うこともなく、「一応、いるみたいです」という参考データ扱いになってしまった。
ま、この程度の無駄足はよくあることだ。

最後に、この事件の教訓をいくつか書いておく。

・装備を忘れてはならない
・情報はつねに更新しておけ
・どうしようかな、と思ったら止まって確かめろ
・時間がないときは無闇(むやみ)に欲張るな
・間違ったと思ったら遠まわりでも戻れ
・間違ったまま何とかしようとして悪あがきすると、よけいに悪くなる
・自分の足跡はよく覚えておけ

鵺の鳴く夜は

博物館に勤務していると、古びた標本をたくさん目にする。薄暗い展示室の古い骨には、この世ならぬものまで混じっていそうな気がしてくることもある。世界には「人魚のミイラ」と呼ばれるものもあるのだが、これはサルの剥製と大きな魚を合体させて作ったニセモノだ。「半魚人」「エイリアン」などと言われるモノの正体は、サカタザメ（サメとつくがエイの一種）やガンギエイの干物である。作品として制作された「ケンタウロスの骨格」の写真も見たことがあるが、人間部分と馬部分がつながるところで脊椎が90度折れ曲がっており、あの状態で走ろうものなら間違いなく背骨が折れる。標本師と組んで「生物学的に正しい怪物の標本」を作り、展示品に混ぜておいたらどうなるだろうと、ふと考えたりもする。

ところで、「鵺」というものをご存知だろうか。「ヌエ」と読む。ヌエというと夜な夜な御所に現れて帝を悩ますので源頼政が射止めた、「頭はサル、胴はタヌキ、手足はトラで尾がヘビ」というキメラ的怪物［＊］を想像するかもしれないが、あの化け物はヌエではない。特徴を挙げた後に「なく声鵺に似たりける」、つまり「ヌエのような声で鳴く」

と書いてあるだけだ。

　では、そのヌエとは何かというと、ものの本には「ハト大の黄色の鳥で黒い模様がある」とか「夜更けに『ひうせい』と鳴く」とあり、どうやらトラツグミのことだ。少なくとも、江戸時代の図鑑ではトラツグミを「ヌエ」としている。

　トラツグミはツグミの仲間で、黄色と黒の小波のような模様がトラの縞模様に似ており、このように名づけられたのだろう。夏は山の中にいて繁殖しているが、冬になると平地にも来るので、意外と見かける機会がある。私が初めて見たのも冬のことで、たしか高校生のころ、実家の庭先だった。

　あれは2月ごろだったろうか、居間のコタツに座っていた私は、視界の隅を見なれない何かが横切ったのに気づいた。鳥好きとは因果なもので、視野の隅にチラッと見えた鳥であっても、大きさと色と動きで種類を判断しようとする。

　生け垣の向こう側、お隣さんの裏庭を横切って鳥が飛んだ。妙に黄色っぽく、動きは直線的（ヒヨドリなら波打つように飛ぶ）、そして変に大きく見えた。少なくともヒヨドリより大きく、下手するとハトに近い大きさがあったような気がする。黄色いハト？　そんなもんおらんぞ。まさかアオバトが？　だが、あれは黄色というより緑色だろうし、このあたりでは見たこともない。

　そいつが消えたあたりを見ていたら、何かがトトトッと地面を動いた。大きい！　ハトとまでは言わないが、見なれたツグミより大きな鳥だ。だが、動きを止めると姿が消える。黄色と黒の迷彩模様で、落ち葉や下生えの中に紛れこんでいるのだ。なんと、図鑑でしか知らなかったトラツグミだ。

それから20年ほどたって、東大総合研究博物館に勤めだした２００７年の終わりのこと。大学の構内を博物館に向かって歩いていたら、鳥の羽毛が何枚か散っているのに気づいた。はっきり識別できそうな一枚を拾ってみる。形からしておそらく次列風切羽。色合いは薄いオリーブ褐色で、内弁の中程に大きな白斑がある。羽軸の根元が切れているところを見ると、抜けたのではなく、哺乳類に噛みつかれて引きちぎられたようでもある。かすかだが血の跡もある。何かが、ここでネコにでも襲われたのだろうか。仕留められたにしては羽の散り方が少ないが、飛びかかられたものの、逃げたかな？

あたりを探すと、もう一枚、同じような羽毛が見つかった。小さな雨覆羽もついている。雨覆羽は黄色っぽくて先のほうの羽縁が黒い。ふむ？　この鳥はなんだろう。

鳥の羽の図鑑を調べたが、うまく当てはまるものがない。風切羽の色合いからてっきりシロハラかアカハラと思ったのだが、よく似ているものの、大きすぎる。それに内弁の白斑、これがシロハラにもアカハラにもない。おかしいな。これより大きなツグミって……そう思って収蔵してある鳥の標本を眺めていて、ハタと気づいた。そうだ、トラツグミがいるじゃないか。剥製の次列風切羽をそっと確かめてみると、バッチリ、白斑がある。先端だけが黒い雨覆羽も、何枚も重なるとトラツグミ特有の鱗(うろこ)状の模様になるわけだ。そうか、東京都心、本郷(ほんごう)三丁目にトラツグミが来ていたのか。

このときは感動したが、以後、毎年のように羽を見かけたので、要するに「わりとよくいる鳥」で、しかも「ちょいちょい窓にぶつかるか、ネコに飛びかかられている、ちょっとドジな鳥」のようである。

さて、このトラツグミなのだが、どういうわけか夜行性である。サギ類やシギ・チドリ類、カモ類のように昼でも夜でも動ける鳥もあるが、多くの鳥は昼行性だ。ましてツグミの仲間で夜行性は珍しい。渡りの間だけ夜間飛行する鳥はときどきいて、ツグミも渡りの時期には夜空から声が聞こえることもあるのだが、トラツグミは繁殖期に、夜行性である。もちろん、鳴くのも夜だ。そして、この声がじつに奇怪なのである。図鑑には「ヒー、ヒーと鳴く」などとあるが、ヒーヒーではヒヨドリみたいなものかと思ってしまう。トラちゃんの声は、断じて、そんな生やさしいものではない。

山中でキャンプしていると、深夜、どことも知れない闇の中から

「……ヒー……ヒー……」という高い電子的な音が聞こえてくる。感情とかリズムとかメロディというものがどこにもなく、人工的な合成音としか思えない。大きな声ではないので、耳を澄まさないと聞こえないところが、これまた鳥っぽくない。数十年前の安物の特撮映画に出てくる、UFOの効果音みたいな感じだ。これがトラツグミの声である。実際、かつてのUFOブームのときは「UFOの音を捉えた！」などと雑誌に載ったこともあるとか、ないとか。日本各地の山にいるので、キャンプの機会でもあれば、ちょっと耳を澄ませて、探してみていただきたい。

さて、屋久島でのニホンザル調査のときのことだ。クボが、

「トラツグミが夜から鳴いてたら、翌日は晴れるよな」

と言った。え？　と思ったが、そういえば、夕べはトラツグミの声がしなかった。そして、今日は朝から雨だ。

その夜、8時ころからトラツグミは鳴いた。そしたら、翌日は晴れた。その次の日は深夜になっても鳴かず、明け方近くに鳴いているのを聞いた。すると、朝になってから雨が降りだした。

なんと、トラツグミの天気予報は完璧ではないか！　屋久島だけではなく、京都の芦生(あしう)でも天気予報を的中させられた。

しかし、なぜこんなことが起こるのか。もちろん、気圧や湿度の変化から天気の移り変

わりを予測しているということはあり得る。だが、なぜ鳴き声に関係するのだろう？

トラツグミは天気が悪くて薄暗い日なら、昼間にも鳴くことがある。それはまあ「暗いから夜と同じように感じるのだろう」と見当がつくのだが、なんで夜中に鳴くか、鳴かないかを変えているのか？　発情期のネコに関して、曇り空のほうが遠くまで声が響くからよく鳴く、という「夜鳴きそば仮説」を聞いたことがあるが（学会で仮説を聞いただけで、検証されたかどうかは知らない）、この場合はちょっと違う。鳴いているときの天候ではなく、翌朝の天候に関わるのだ。「明日は雨で薄暗いだろうから朝から鳴くことにして、今夜は早く寝よう」とか？　いやいや、そんなズボラな鳥なんて聞いたこともない。夜も鳴いて朝も鳴けばいいじゃないか。雨の前は湿度が高いだろうから、そういう日はエサの動きが変わるとか？　しかし、採餌にかかりきりで鳴く暇もないなんて、そんないい加減な。繁殖期の鳥はもっと精力的に鳴くものじゃないのか。

というわけで、理由はよくわからないのである。

これ以外に天気を「予知」するのは、たとえばツバメだ。ツバメが低く飛ぶと雨、というのは、一応根拠がある。天気が悪いと気温が下がって動きが不活発になり、上昇気流も利用できなくなるので、昆虫は高く飛ばなくなる。そのため、虫を狙って飛ぶツバメも低いところを飛ぶようになると言われている。

ドイツ語で「シュトゥルムフォーゲル」つまり「嵐の鳥」と呼ばれるのがウミツバメだ。英語でも「ストーム・ペトレル」でやはり「嵐」とつく。系統的にはツバメとは全然関係ない、アホウドリに近い仲間であるが、船乗りの間では「ウミツバメが飛んでいたら嵐が来る」と言い伝えられていたという。実際、暴風を避けて沖合から沿岸部に来たり、航行中の船に止まって嵐を避けたりすることがあり、「嵐の鳥」というイメージができていったらしい。

もっともツバメ予報なんかは「誰がどう見ても雨が降りそう」なときでないとなかなか発現しないので、予報としてはあまり使えないこともしばしばある。

ちなみにカラスはというと……まったく役に立たない。カラスが騒いだら天変地異なんて言う人もいるが、じつのところ、カラスは毎日のように大騒ぎしている。彼らが騒ぐ理由はたくさんあり、いいエサを見つけても、天敵が近くにいても、仲間が死んでいても、大騒ぎする。季節によっては、突然やってきてまた去っていく集団もいる。だが、たまたまその光景を見た人間には理由がわからないため、「今日はカラスが異常に集まって騒いでいる」と感じられることもあるだろう。カラスが地震を予知するという根拠はないが、仮に予知できたとしても、ほかの理由で騒いでいるのか、地震が理由で騒いでいるのかを区別できない限り、誤報だらけで地震予知としては役に立たない。

異常がわかるためにはふだんの姿を知っておかなければならないが、他の生物を理解するのはそんな簡単なことではない。20年あまり見ているが、私はいまだにカラスのことがわからない。

＊——キメラというのはギリシャ神話に出てくる怪物。キマイラとも。頭はライオン、体はヤギで、尻尾はヘビだという。ちなみにギンザメという深海魚がいるが、これの英名もキメラ。面構えはイヌのようで口はサメのようで胸びれはチョウのよう、という不思議な魚である。
では源頼政が退治したというキメラ的怪物の本名はというと、これがよくわからない。ちゃんとした名前がなかったようだ。雷とともに現れたので「雷獣」と呼ばれることもあるが、伝説に現れる雷獣は他にいくつもあって、姿もさまざまである。

非科学的な経験

私は科学者なので、仕事上は客観的な観察と解釈を信条とする。簡単に言えば、「勘違いや思いこみじゃないだろうな?」と自分にも他者にも問いかけるということだ。

人間は自分の感覚に左右されやすいものなので、「こうとしか思えない、絶対こうだ」という感覚は要注意だ。答えが先に決まっていて観察結果を受け入れられないようでは科学ではないし、自分の仮説に都合のいい観察結果でも、科学者はみずから疑わなくてはいけない。直感から研究を始めることも当然あるわけだが、それだけでは科学にならない。直感的な読みと客観的な証拠とのすり合わせが、科学という営みのすべてだと言ってもいいくらいだ。

科学とは万能なものではない。「人間は神様でも賢者でもないので、真理を悟ることなどできない」という諦めのうえに成立している方法である。見て触って誰でも確かめられるものを土台にして仮説を立て、この仮説を検証して、「やっぱり正しい」となれば、とりあえず正しいものとして認める。そしてその仮説を既知のものとして、科学という大系に組みこんで、先に進む。もし、新たな発見によってどうしても説明がつかなくなってきたら、「これは実は違うのではないか」と疑ってみる。科学はそうやって前に進んできた。

どうやっても既存の理論で説明できないし、うまい説明も思いつかないようであれば、素直に「何だかわからない」と言えばいい。わからないのだから、無理に説明をこじつけても混乱が深まるだけだ。素直に「わかりません」と言っていいのも、科学の便利なところだ。むしろ、わからないなら「わからない」と言わなくてはいけない［＊1］。

さて、ひとつ、なんだかわからない事例をご紹介しよう。

大学のときである。とある場所で調査のバイトがあり、何人かで参加した。テントを持って泊まりがけである。

車で林道を奥まで入っていくと、集落をだいぶ過ぎたあたりに広くなった場所があった。待避所というより、トラックや資材を置いていた場所のようだ。少し離れたところには無人の工事現場もあった。入山ポイントにも近いので、ここをキャンプとした。

この広場はちょっとした駐車場くらいの広さはあったと思う。ちょうど林道の曲がり角あたりにあった。林道の向かい側には崩れかけた物置小屋のようなものがあって、お地蔵様みたいなものもあった。

正直、その小屋を見たときにあまり気持ちのいい感じはしなかった。べつに理由はないが、廃墟(はいきょ)とか廃屋というのはどことなく不気味なものである。それ以上に「何かを感じた気がする」といった印象は、とりあえず客観的な根拠がないので、確実にクマのいる山のなかで孤立するのだという若干の心細さが生んだ気のせいであろうということにしておく。

さて、そのときは先輩後輩含めて5人のチームだった。テントはふたつ。ひとつはモンベルのムーンライト3で、もうひとつはフランスのスポーツメーカー、ラフマ製だ。ラフマがテントを作っているとは知らなかったが、「新品だが誰も使ったことがない、使えるかどうか試してくれ」と依頼主から受け取ったので、「わーい新品新品」と言いながらテストすることにした。テント本体の大半がメッシュで、非常に涼しそうだったからである。私とKという友人が率先してラフマに荷物を放りこみ、もうひとりの後輩もこっちに来て、残りふたりがムーンライト3に入ることになった。

このとき、タープ（雨よけ・日よけ用の屋根）を張るのにロープをどこから取ろう、という話になり、広場の端の立ち木から取ればよいのでは、という意見が出た。うん、たしかにすこし高いところから生えていて、角度的にもちょうどいい。ちょうどいいんだけど、さ。と思っていたら、相談していたKに「松原、行ってきて」と言われた。あー、はい。わかりました。

かくして、なるべく素早くロープを巻いて結ぶと、すぐにテントのほうに戻った。というのは、物置小屋以上に、その林が気持ち悪かったからである。だが、これも林の薄暗さや自分の想像が生んだものだとしておこう。Kが私に行かせたのもじつは「あの林には近寄りたくなかったから」だったのだが、これも、同じ文化に属する人間ならば、不気味に感じる対象はだいたい同じである、という説明も可能である。

その日はもう遅かったので、夕食を作って食べて寝ることにしたのだが、夕食の片づけが終わるか終わらないかというタイミングで土砂降りが始まった。とりあえず野生動物を呼ばないよう食料の始末だけして、テントに飛びこむ。バラララッ！　と音をたててフライシートを雨粒が叩いている。途端、Kが「雨漏り！」と叫んだ。くそ、フライシートのどこかで漏れているらしい。メッシュの幕体にはまったく防水性がなく、容赦なく水滴が落ちてきているようだ。

　仕方ないので雨のなかを外へ飛びだし、ヘッドライトをつけてブルーシートを探し、これを上からかけて適当にロープを張り、風で飛ばないようにだけ押さえておいた。横殴りの雨ではないから、まあ大丈夫だろう。

　こうやってずぶ濡れになってテントに潜りこんで寝ようとしたら、隣のテントでも雨漏り騒動が持ち上がった。何やら叫び声らしいものが聞こえたと思うと、慌てて外に飛びだしてシートを被せている物音が聞こえたのである。こちらのテントを彼らのヘッドライトが照らすたびに、フライシート越しにぼうっと明かりが差しこんでくる。数分すると作業が終わったのか、物音はしなくなった。

　このあたりで、もうひとりの一緒にいた後輩が「雨の夜って怪談向きですよねー」と言いだした。たしかに山の夜というのは、ただでさえ、あることないことをいろいろと想像してしまうものではある。雨となればなおさらだ。そこで、屋久島で聞きこんだ話……屋久島に行く前に鹿児島の某旅館で1泊したところ、なんだか非常に気持ち悪い感じがした。そして夜中に目を覚ますと……という話をしていたのだが、まさに「目を覚ますと……」と言った途端である。

テントの中の空気がピシッと音をたてたような気がした。瞬時に硬質化してヒビが入ったような。同時に、気温がヒュッと下がったような。「あ」と思って口ごもった瞬間、Kが低い声で「松原やめろ！」と鋭く言い放った。

Kが私を制止した、このタイミングはちょっと不思議だ。私が何かを感じた気がするのは、ちょうど話が佳境にさしかかり、オバケが登場！というシーンだったのが理由かもしれない。自分で雰囲気を盛り上げておいて自分でビビッてしまった、というわけだ。だが、同時にKも声を出した理由がわからない。人間の発声のタイミングを考えると、私が言いよどんだのを確認してから声をかけたのでは、あのタイミングにはならない気がする。後で聞くと「ホンマに空気変わったやん、松原かて気づいたから話すのやめたんやろ？」ということであったが、ならば本当に気温が下がったとか、空気の密度が変わったとかいうことは、あり得るのだろうか？　そんな馬鹿な。空調設備もコンプレッサーもなしにそんなことできるわけがない。強いて言えば、Kもこの怪談は知っていたはずなので、「出るぞ、出るぞ」と思いながら聞いていて、同じタイミングでそういう錯覚を抱いた、ということは、あるかもしれない。

さて、ただひとり、何も感じなかった後輩は「えー、どうしたんですかー、気になるじゃないですかー！」と騒ぎだしたのだが、私とKが両側から「ええから寝ろ、明日になったら教えてやる」と言い聞かせて、寝かしつけた。Kがこっそり「松原～」と言うので、「すまん、失敗した」と言っておいた。興味本位に怪談などしてしまうと「本当に呼んでしまうことがある」というのは、聞いたことがあったからである。もちろん科学的な裏づけはない。

さて、雨の音を聞きながら、何分くらいうとうとしただろうか。15分か20分という気がするが、こういうときは時間の進み方が遅く感じるから、実は5分かそこらかもしれない。あるいは、気づかないうちに眠ってしまって、もっと長い時間がたっていたのかもしれない。あるとき、急に意識が覚醒した。あれ？　何か聞こえた？　と思った瞬間……

ジャリッ

足音だ。砂利を踏んでいる。テントの外、自分の左手方向……つまり、林道側。距離は5メートルくらいか。雨は小降りになっているようだ。そのままジャリ、ジャリと足音が近づいてくる。心臓が止まるかと思ったが、隣のテントにいるふたりのどちらかがトイレに行っただけだろう。ああ驚いた。出ていくときは寝ていて気づかなかったということか。気づかなかった……あんな足音をたててテントの前を通り過ぎたのに？　熟睡してたわけじゃないと思うが？　まあそういうこともあるだろうさ。雨はまだ少し続いている。テントの中なんてまるっきり闇だ。外も暗いのだろう。ヘッドライト必須だな。ライト……。

そこで気づいてしまったのである。ヘッドライトをつけているなら、さっきの作業のときのように、テント越しにライトをつけているのがわかるはずだ。ところが、外から差しこむはずのヘッドライトの明かりがない。この暗闇の中、こいつはどうやってライトもなしにテントを出て林道のほうへ行き、トイレを済ませてテントに戻ろうとしているのか？ジャリ、ジャリ、ジャリ、という足音はだんだん近づいてきた。足音のタイミング的には四つ足ではない気がする。踏みこんだ足の下で砂利がずれ、石同士がこすれて音をたてるのまでわかる。踵(かかと)が着地して爪先へ向かう感じだ。シカのように小さな足ではなく、かなりの長さのある足の裏で踏んでいるように聞こえる。……たとえば、人間とか。足音はよく聞こえるのに、それ以外の息づかいなどはまったく聞こえない。

足音はそのまま私たちのテントの前を通り過ぎ、隣のテントの前まで行って、回れ右して戻ってきた。そして、ふたつのテントの間で立ち止まると向きを変え、テントの間に入って歩きはじめた。間といっても、2〜3メートルは空けてある。しかしテントの外にはペグを何本も打って張り綱が張ってあるから、暗闇のなかで引っかからずに歩くのはかなり難しい。ついでに、テントの間というのは要するに、私が寝ているところからテント本体とフライシート、ペラペラの布2枚を隔ててすぐ外ということである。

私の足下側まで歩いていった足音は、ジャリリ、と向きを変えると、頭のほうへ戻ってきた。そして、あろうことか、私の枕元、せいぜい1メートルかそこらのところでピタリと動きを止めた。

うわあああ～～～～っ！

こうなるともう客観的なアレとかコレとか関係ないです。頭に浮かぶのはウロ覚えの般若心経の断片だけ。くっそー、ちゃんと通しで覚えておけばよかった。親父いわく「あれはお経のありがたいとこのダイジェストやからな」とのことだし。あああ、なんか耳鳴りがする。ものすごい高周波のキイイイン！　という音。ぎゃーてーぎゃーてーはらそーぎゃーてー、ええと、あと何だっけ。おんあぼきゃべえろしゃ……ってこれは真言か。ええい、そこのおまえ！　ここに棲みついているのか知らんが、今は立ちされ！

冷や汗の出る思いで何分たったろう。一度だけ、微かに砂利の鳴る音を聞いたような気もするが、まったくの気のせいかもしれない。

いつの間にか耳鳴りはやんでいた。体感的に30分くらいたったころ……ということはせいぜい10分だろうが、後輩が「……あの……」と何か言いかけた。途端、Kが「うん、寝ろ」と一言だけ答えた。さすがにこのときは後輩も何も言わず、そのまま寝た。私はそれからもまだしばらく起きていたが、やがてスウッと眠りに落ちた。その間、もはやコトリとも物音を聞くことはなかった。

翌朝。

誰ひとり、夕べのできごとには触れなかった。だが、隣のテントの連中もアレを経験したことはすぐにわかった。黙ってあたりを見回したり、地面を確認したり、林道まで出て戻ってきたりしていたからである。そう、自分も朝イチで地面を確認した。だが足跡も何もなかった。粗い砂利の上に足跡が残るとは思えないが、水たまりの周囲など軟弱な地面には足跡があってもいい。人間であれ動物であれ、だ。あれだけの足音をたてるものが何の痕跡もないとは……いや、そういうこともあり得るけれども……。

昼になって、ようやく、「あのさ……夕べのアレ」と切りだしたら、滅多に怪力乱神を語らない先輩までが「あれ、絶対おかしいよね」と言いだしたのは驚いた。結局、皆の話はまったく齟齬がなく、同じ物音を全員が聞いたとしか判断できないことがわかった。なお、話を誘導してしまわないよう、隣のテントの話を聞くまではこちらのテントの話はしなかった。テント内では「夕べのアレ……」という会話はあったかもしれないが、テント間で話題にしたことはなかったので（もちろん守秘義務なんかはないので私の知らないところで会話があったかもしれないが）、無意識に話を合わせてしまったわけではなく、ふたつのテントの住人が、独立に同じ経験をしたと結論してよいだろう。

私のいたテントでは怪談をしているので、「出るぞ、出るぞ」というムードを3人が共有していたのはたしかだ。だから同じようなタイミングで全員が幻聴を聞いた、あるいは何でもない物音を足音であるように妄想した、ということは、あり得るかもしれない。だが、それならば隣のテントのふたりも同じ音を聞いているのは、どういうことだろう。

怪談は小声で行われたので、内容が隣まで聞こえたとは思えない。実際、隣のテントのふたりはこちらの怪談に気づいていなかった。してみると、実際に何かがキャンプ地を歩いた、と考えるほうが理にかなっている［＊2］。

ならば、いったいあれは何だ。人間ではないだろう。まず、車の音は聞かなかった。いくらなんでも雨の中を集落から何キロも歩いてくるとは思えないし、よしんば歩いてきたにしてもライトは持っているだろう。また、何の気配もなく消え失せるというのも人間には難しい。もちろん全員が寝てしまうまで、身じろぎもせず、咳払い（せきばら）もせず立っていたということもあり得なくはないが、そんな忍者のような人物が我々のキャンプ地に現れる確率は、あり得ないほど低いのではないか。

では動物ならどうか。大きな足音をたてそうな動物というと、シカ、カモシカ、イノシシ、クマといったところか。これなら明かりがなくても行動できたのは当然だ。だが、テントの前にわざわざ寄ってくるだろうか？　エサに釣られたなら、むしろ調理場周辺を嗅ぎまわったり、鼻先でつついたりしないだろうか？　だが鍋を触る音は一切しなかったし、翌朝見てもどこも荒らされた形跡はなかった。また、イノシシやクマなら息づかいくらいは聞こえそうなものである。イノシシはフゴフゴ言うし、クマもハッ

ハッという息づかいが聞こえるというし。

　ではシカ、あるいはカモシカ？　どちらもそんなにテントに寄ってきそうな動物ではないが、強いて言えば、カモシカは微動だにしないことがあるので、テント横で立ち止まってこっちが寝るまでじっとしていた、ということは、あるかもしれない。だが、逃げるとなったらシカもカモシカも蹄で地面を蹴って飛ぶように逃げる。そういう足音をまったく聞いていないというのも、ちょっと不審ではある。また、私は奈良市民なのでシカの足音はよく知っているのだが、あのときの足音はちょっと違うなー、という気がするのだ。第一、歩調が違うというか、シカだとするとずいぶん用心深いペースだった気がする。それがテントの周囲をうろつくだろうか？　また、荷重の大きな蹄が、はたしてどこにも足跡を残さずに消え去ることができるものだろうか？　クマにしても、それまで盛大に響かせていた足音を消して消え失せるなんて妙なことをやるのか？

　もちろん、やるかもしれない。あれはちょっと変わった性格のシカだったかもしれない。私はカモシカをよく知らないから、知っている人なら「あー、あれカモシカの足音」と笑い飛ばしたかもしれない。あるいは、もの静かできっちりした性格のイノシシとか。好奇心にあふれていて、しかも整頓好きなクマとか。そういうことだってあり得るかもしれない。だが、今のところ、どうもピッタリ当てはまるものがないのだ。

　というわけで、「何だかわからない不思議な経験」と呼ぶしかあるまい。

え？　説明が長いから一言で？
そんなもん、「キャンプしてたら幽霊が出た」に決まってるでしょ（笑）。

＊1――もっとも「わからない」と言っても「まったくわからない」から「ほぼ間違いないだろうが、まだ全部わかったとは言えない」まで、さまざまなレベルの「わからなさ」がある。こういうときは「わかるんですか、わからないんですか」ではなく、「どの程度の確実性ですか」とか「どのような根拠と反論がありますか」などと聞くべきである。世の中には「地球は丸い」から「エウロパには生物がいる」まで、さまざまな確からしさの仮説があるのだ。

＊2――他にもドッペルゲンガーに会ったとか、一緒にいた人にだけ、ゲートルを巻いて行進する隊列が見えたとか、妙な経験はある。だが、それらは錯覚と考えることも可能だ。人間の脳はときに思いもよらない虚像を作りだすものだし、そのような虚像と現実を区別することもできないのだ（そもそも、人間は脳の作り上げたイメージを通してしか世界を捉えることができない）。だが、ここで書いた例は複数の人間が同時に、かつ2集団が個別に同じ体験をしており、錯覚とは考えにくい。

第四章 じつはこんなものも好き

鳥屋とヘビは鳥の巣を目指す

初夏。大学院生だった私は背中にずっしり重いデイパック、首に双眼鏡、腰のベルトに望遠鏡をつけた三脚のパーン棒を突っこみ、左肩には一眼レフ、右肩には脚立(きゃたつ)を担ぎ、片手にエサ調査用のグッズを入れた工具箱を下げて、木津川の中州を歩いていた。改めて書いてみたら荷物の多さに自分でも呆(あき)れるが、この当時の私は河川敷の生態系の調査に関わっており、ホオジロとオオヨシキリとチドリ類を同時に調査していた。そのせいで何に出会っても調査できるよう、大荷物を持っていたのである。

この状態でばったり出くわしたのが、一匹の巨大なアオダイショウであった。

そいつは中州の狭い砂浜を横断するように、長く伸びていた。常識はずれな大きさに、一瞬、流木かと思ったほどだ。アオダイショウは私に気づくなりスルスル……と移動して、ヤナギの根元に逃げこもうとした。まずい、その先は川だ。逃げこまれたら取り逃がす。いや、鳥班としてはべつに取り逃がしてもいいのだが、なぜか鳥班ばかりがアオダイショウに遭遇するので、アオダイショウがいたらぜひ捕獲して持ち帰ってくれ、と爬虫(はちゅう)類班に頼まれていたのだ。これはどうやら、アオダイショウが鳥の巣を狙っていたため、鳥屋と

ヘビが同じところを目指していたのが理由らしい。

となれば、捕獲せざるを得ない。正直に言えば、一瞬ためらう大きさだったが、わずかな躊躇(ちゅうちょ)ともろもろのグッズを砂の上に振り捨て、デイパックも砂州(さす)に放りだし、ヘビ屋直伝の捕獲法で逃げていくアオダイショウの胴体をえいやとつかんだ。ヘビ屋さんは草むらが動いた瞬間、飛びかかって草の中に手を突っこんでどこでもいいからヘビをつかみ、引っ張りだしてから対処を考えるのである。つかんでみてマムシだったらどうするのかは聞いていない。何か我々にはわからない秘技があるに違いない。

驚くほど太い胴体を握りしめて押さえこみ、よし！と思った次の瞬間である。左手の下でアオダイショウの胴体がグイと膨らんだ。まるで全身が力こぶだ。そして、ヤナギの根元に首を引っ掛けたまま、全力で体を縮めた。うわ、負ける。両手で押さえたが、このまま引っ張り合いをしたらヘビの脊椎(せきつい)が保(も)たない。そこで右手で首のほうをつかみ、ヤナギから外して砂の上に放りだすことに成功した。

これで何とかなる。そう思った瞬間、目の前が真っ赤になった。前ぶれなしに視野を覆った赤色（実際はピンクっぽい色だが、体感的に）の正体は、どアップで視界いっぱいに広がる、大きく開かれたアオダイショウの口のなかであった。アオダイショウがこちらを振り向きざま、大口開けて顔めがけて飛びかかってきたのである。

次の瞬間、眉間(みけん)にカツン！という硬質な衝撃を感じ、それから自分が力いっぱい後ろにのけぞっていることにも気づいた。私はアオダイショウが口を閉じるより早く、無意識に牙をかわしたわけである。骨伝導音を伴っていたような気のする衝撃は、それでも避けきれなかった牙の一本が眉間に突き立ったせいであった。

思わぬ反撃のせいでちょっと手間どったが、なんとかこいつの首根っこを押さえて捕獲することに成功した。未経験の重さと太さだ。大荷物プラス、こんなでっかいヘビを手にもって川を徒渉して戻るのは嫌だが、こんなときに限って適当な容れ物がない。

仕方ない、まずはデイパックを空にし、その中にアオダイショウを閉じこめる。デイパックの中身は大きなゴミ袋に詰めて、物置小屋に入れた（大がかりな調査だったため、堤防脇に調査用物置小屋があったのだ）。調査地は大学と家の間にあるから、荷物は帰りに立ち寄ってピックアップすればいい。途中下車して寄り道するので1時間近くよけいにかかってしまうが、これも仕方ない。

かくして、デイパックひとつを担いで駅に行き、電車に乗って大学へ。電車のなかでデイパックからヘビが顔を出しやしないかヒヤヒヤしたが、幸い、暗くて涼しいのでなかでおとなしくしていてくれた［＊1］。研究室に行くとヘビを研究している院生のT君がいたので、彼に「おみやげあるよー」とデイパックを差しだして、どうにかこの件は片づいたのであった。

さすが餅は餅屋、ヘビはヘビ屋である。T君はデイパックを開けるなり「おおー、大きいですねえ」と言いながらヒョイと手を突っこみ、あれほど手こずらされたアオダイショウをあっさりとつかみだすと、デスクから取りだした洗濯ネットのなかに突っこんでしまった。

聞くところによると洗濯ネットはジッパーで開閉できて便利なうえ、通気性がよくて肌触りもいいからヘビが傷つく心配もなく、捕獲したヘビを入れておくのに最適なのだそうである。あんなサイズで入るのかと思うのだが、ヘビはとぐろを巻けば非常にコンパクトになるので、適当に丸めて（？）入れれば大丈夫らしい。そのうえで、蓋に孔を開けたタッパーにでも入れておけば逃げだす心配もまずないし、整理しやすいし、ほかの荷物でヘビを傷つける恐れもないとのこと。

ちなみにこのアオダイショウは計測のうえ、標識して砂州に戻された。全長2メートルで、「何か呑みこんでるな」と腹を押して強制嘔吐させたら、子ネズミを5匹呑んでいたそうである。

さて、ヘビ担当のM先生がとくに私に「ヘビがいたら捕まえておいてくれ」と言ったのは、理由がある。私はどういうわけか小さいときからヘビが大好きで、当時から見つけたら捕まえてしげしげと眺めては逃がしていた。家の周りは水田が広がり、ということはカエルがいっぱいいて、おまけに水路まわりは石垣なのでヘビの潜む隙間はいくらでもあった。さらに、ため池も谷川もあって、ヘビがたくさんいたからである。ミカン箱を改造して庭先で飼おうとしたこともあったが、ヘビは非常に狭い隙間からも抜けだすので、いつも脱走されてしまって残念な思いをしていた。もっともヘビは基本的に生きたものしか食べないので、逃げなければ今度はエサに困ったはずである。

最初にヘビについてまとめて読んだのは、爬虫・両生類の学習図鑑だった。年齢は小学校に上がったかどうか、といったころだろう。なお、学習図鑑をゆめゆめ侮ってはならない。動物の絵や写真がどっさり出てくるまでの、最初のほうの退屈なページをじっくり読むと、体長の定義やら、採用した分類法やらについて但し書きがある。体サイズは学術的にはSVL(Snout to Vent Length:吻端から総排泄孔までの長さ)で計るものだが、わかりにくいので全長で表しました、ゆえに多少の誤差が出ます、なんてことも書いてあったりする。ガキのころはアミメニシキヘビとアナコンダはどっちが大きいか、友達と熱心に議論したものだが(「アミメは9・9メートルあるんやぞー」「アナコンダなんか15メートルやぞー!」など。なお信頼のおける記録ではアナコンダは15メートルには遠く及ばず、アミメニシキヘビよりも短いが、体重は重い)、こういうところをよく読んでおくと「それは全長だからね、SVLで比較しないと意味がないよ」などと相手をケムに巻くこともできただろう。

さらに後ろのほうのページを読むと、ヘビの先祖、ヘビの進化、ヘビの分類、ヘビの解

剖学、ヘビの生理学、ヘビの生態、ヘビの行動、ヘビの感覚器、ヘビの飼い方、ヘビと人間、ヘビの保護、といった話題がちゃんと書いてある。しかも、今になって見返すと、執筆陣は一流の研究者や専門家ばかりだ。だから学習図鑑を隅々まで読みこめば、あなたはもう、ちょっとしたヘビ博士である。

次に読んだのは『へび』（福音館書店）という本だった。著者は「五里主・リチャード」と書いてあったが、大学院に入ってから、リチャード・ゴリスという超有名なヘビ学者だと知った。この本は非常にコンパクトながら、〃ヘビの先祖はエオスキアのような四足の爬虫類であった〃〃分類上、ヘビはトカゲ亜目の姉妹群である〃〃ヘビの祖先は地中生活に適応しかけたのち、再び地上に出て来たのだろう〃なんてことがさらっと書いてあった。そのときはふーんそんなものか、と思ったが、今考えれば、これをきちんと理解するには大学レベルの知識を総動員する必要がある。

なおヘビの起源については水中仮説もあるが、今のところ地中仮説が有力になりつつある。ヘビには「脚がない」「目がコンタクトレンズのような透明な鱗（うろこ）に覆われている」という際立った特徴があるのだが、この仮説によると、地中では脚が邪魔になるので退化してしまい、目も鱗に覆われてなくなりかけたが、ふたたび地上に出てきたので目を覆う鱗が透明になって見えるようになった、と説明されている。

というわけで、このへんの話題を後々まで覚えておいて披露すれば、ヘビの研究者にま

太いので左右一対あるんですよ。

ヘビは細長いので肺も腎臓も片方しかないって知ってました？　でもニシキヘビは体が太いので左右一対あるんですよ。

で「おまえなんでそんな詳しいの」と言ってもらえる。

さて、子どものころはヘビの本を隅々まで読み漁るくらいヘビを気に入っていたのだろうが、とにかくヘビが怖いと思ったことは一度もなかった。ヘビはひどく嫌われている動物だが、（少なくとも奄美・沖縄以外の日本のヘビは）決して無闇に危険な動物ではないし、攻撃的な動物でもない。人間が気づくより先に、ヘビのほうがこちらの接近を察知して逃げる。この節の冒頭でアオダイショウに反撃された思い出を書いたが、あれはわざわざ捕まえに行って、ヘビが怒るようなことをしたからである。

よく誤解されているが、ヘビはヌルヌルもしていない。ヘビの鱗はツルツルしているか、サラサラしているか、せいぜい軽くザラザラしている程度だ。たいていのヘビはつぶらな瞳をしているし、口元だって「えへっ」と笑ったようだ。じつにかわいい。

ということで、小さいころの私はヘビを見かけると捕まえて、愛でて、逃がしていた。さすがにマムシを素手で捕まえるのは危険なので、先がY字になった棒切れをいつも持ち歩いて、これを捕獲棒にした。本来はスネークフックというL字やS字の針金がついたカッコイイ道具を用いて、ヘビを掬い上げるように捕獲するのだが、絵を見ただけではどう

使うのかさっぱりわからず、そんな道具を自作するアテもなかったので、ヘビの首根っこを押さえるための木の棒にしたのである［＊2］。この棒は杖にもなるし、草をかき分けるのにも使え、飽きたらチャンバラごっこもできるし、木綿糸を結んでスルメをくりつければザリガニ釣りセットになり、魚釣りをするときには竿置きにもなるという、万能の野遊びアイテムだった。家の玄関にはつねに2、3本の「マイ・ヘビ棒」が置いてあったくらいだ。

もっとも、よほど機嫌の悪いヘビかマムシでなければ、いちいち棒で押さえるまでもない。とにかく首根っこを握れば、腕に巻きつくことはできても、咬みつくことはできない。ただ、あまりギュッと握ると嫌がってよけいに暴れる。咬みつきそうになければ、適当に逃げない程度に胴体を押さえて腕に巻きつかせておけばいい。もっとも、このときに腕に巻きついたままヘビがフンをすることがあり、ちょっと青臭いというか生臭いのが困りものだ。ヘビのフン（といってもフンと尿の区別がないが）は鳥のそれに似て尿酸を主成分としており、白っぽい、ベチョッとしたものである。

基本的にヘビが嫌いではない私だが、なかでも最もかわいいと思うのは、ヒバカリというヘビだ。ヒバカリちゃんはヤマカガシに似ているが、もっと細身で全身が褐色だ。首から下顎にかけて黄色い部分があるが、ほかには目立った模様がない。口元はニカッと笑ったようで、目はパッチリと大きくて丸く、とても愛くるしい顔だ。鱗も細かくて手触りがいい。大きさは1メートルもない。

ヒバカリはとてもおとなしくて、何をしても「いや〜ん」と逃げようとするだけで、反撃しない。咬むことはないが威嚇姿勢を取るので毒ヘビと考えられていた、というのだが、私はいつも速攻で捕まえてしまったせいか、威嚇されたこともない。ちなみにヒバカリという名前は「このヘビに咬まれたら命はその日ばかり」と言われていたことに由来するともいうが、もちろん毒もない。それほど多くいるヘビではないが、出会ったら嬉しい、水田のアイドルである。エサはカエルや小魚で、水辺にいることが多い。

その点、シマヘビは怒りっぽいヘビだった。麦色の体に4本の縞模様がある、スマートなヘビだ。ルビー色の目でこっちをジロリと見るなり、ものすごい勢いで逃げにかかる。逃げきれないと見るや、瞬時に反転して咬みつこうとする。さすがトカゲさえもエサとするだけあって、カエル食いのヤマカガシとはレベルの違う速さである。押さえようとして空振りしたことが何度もある。ヤマカガシに咬まれそうになったときには口が閉じるより先に手を引いたこともあるのだが、シマヘビ相手のときは避けたつもりだったのに、完全に親指をカプッとくわえこまれた（しっかり心の準備をして挑んだ一度だけは、回避に成功した）。体型も模様もスマートなシマヘビだが、私のなかではちょっと扱いにくい相手という印象がある。

ヤマカガシとマムシは次節で触れるが、それ以外のヘビというとジムグリか。主に野ネズミを食べている、首と頭の太さが変わらないヘビだ。森林性で落ち葉に潜っていることが多いので、あまり見かけることはなかった。一度見てみたいのがタカチホヘビだが、残念ながら野外でお目にかかったことがない。これも半地中性の小型のヘビで、主にミミズを食べている。

もう一種、実家あたりにも分布するはずだが、見たことのなかったヘビがシロマダラだ。同じくマダラヘビ属のアカマダラやアカマタが奄美・沖縄に分布しているが、本州に分布するマダラヘビはシロマダラだけだ。白黒のバンド模様で、大きさは60センチくらい。あまり大きくはない。

このヘビは夜行性なので、たとえいたとしても人目につかないらしい。毒はないが、非常に気性の荒いヘビだとも言う（逆におとなしいという意見もある）。学習図鑑に載っていた写真は写りが悪いうえに円盤状にとぐろを巻いた状態の写真で、「白黒がグルグルしてる」としかわからないシロモノだった。要するにどんなヘビだかさっぱりわからなかったわけである。

さてのち、1994年だったたか、屋久島西部の山の中を歩いていたときのこと。尾根上の倒木の陰の地面に、何やら妙に人工的なモノが見えた。チェッカーボードというか、円盤状で白と黒に塗り分けられた……あれだ、ダーツの的。なんでこんなところに捨ててあるんだ。

と思ってしまうくらいキッチリした白黒ぶりだったが、もちろんダーツのわけはなく、よく見たらヘビだった。なんだこいつは。まさかマムシか？　自分の知っているマムシの色には該当しないが、離島のことでもあり、色彩変異なのかもしれない。しかしこの珍妙な巻き姿は見た記憶がある……そうだ図鑑に出ていたシロマダラだ！

さあ、このときは迷った。見たことのないヘビなのでぜひ捕まえてみたい。だが、シロマダラだという確証もなく、万が一マムシだったら危険だ。うーん。と思っているうちにスルリと枯れ木の下に逃げこまれてしまった。

やはり、ヘビは見つけた瞬間に捕まえないとダメなようである。

私の実家はヘビ天国のようなところだったのだが、あるとき、水田とため池をつぶして中学校が建った。風景を壊さないよう、建築物や土地利用に制限のある景観風致地区なのだが、学校なら建てられるのだ。残った水田の水路も、石組みからコンクリート張りに変わった。さらに農地が売却されて宅地になり、残った水田も水を抜いて貸し農園になった。「夏の夜、おまえの家に電話すると話ができない」とまで言われたカエルの大合唱は過去のものとなり、エサと居場所を失ったヘビもすっかりいなくなってしまった。私の腕もだいぶ錆びついているので、ヘビに出会っても昔ほど素早い動きはできそうにない。

＊1――最近知ったのだが、少なくともJR東海は列車内へのヘビ持ちこみに制限がある。他の鉄道会社も同様だろう。やっちゃいました、ごめんなさい。

＊2――大学院に入った後で使っているところを見たが、太い針金で掬い上げるとヘビはふたつ折りになってぶらーんとぶら下がる。この状態では無駄にクネクネするだけで逃げられないので、ここを捕まえるなり、袋に入れるなりすればいい。ヘビが体をくねらせて動けるのは、曲げた体を周囲の地面や草に押しつけて、体を前に押しやるからだ。腹側にあるキャタピラのような鱗（腹板（ふくばん））はこのときに体が後ろに滑るのを止める役目がある。ガラスのように滑りやすいものの上では、ヘビはジタバタとくねるだけで前に進めない。スネークフックで釣り上げられた状態だと、フックの前後の体をどう振り回しても何にも引っかからず、動きようがないのである。ただし、ジタバタしているうちにだんだん体がズレてきて最後は滑り落ちるので、あまり長い間は捕まえていられない。

ときにはおっかなびっくりで相手をする

アオダイショウについては前節でも書いたが、このヘビは全長2メートル強になり、沖縄を除けば、日本で最大だ。先島(さきしま)諸島のスジオナメラ（サキシマスジオ）は2・5メートル級になる。もっともヘビは非限定成長といって生涯大きくなり続けるので（成長速度はだんだん鈍るが）、エサの豊富な環境で長生きした個体は信じられないような大きさになることもある。図鑑に書いてある大きさはあくまで「間違いない記録としてはこれが最大」という程度の意味である。

今まで見た最大級のアオダイショウは実家の近所の谷川に出現した。そいつは竹藪(たけやぶ)の切れ目に、体のほんの一部を見せて横たわり、つややかな鱗(うろこ)は本来なら青黒いのだろうが、夕日を浴びて金色に輝いていた。その太さたるや、ニシキヘビとまでは言わないにせよ、東南アジアのスジオとかシュウダとか、そういうのが紛れこんだんじゃないのかと思うくらい、非常識なサイズだった。あまりの大きさと金色の神々しさに手を出せなかったのだが、足を踏みだそうとしたらスルスルと胴体が動きはじめた。向かって右方向に目の前を通過していくのに、胴体の太さはちっとも変わらない。まだ尻尾に達していないのだ。揺れる草を目で追っていくと、信じられないほど遠くの草がサラサラと揺れはじめている。あそこが頭だ。とうとう目の前をシュルンと尻尾が通過した瞬間、頭の位置は3メートルほど向こうにあったような気がする。もちろん子どものときの感想だから相当に脚色しているだろうが、それでもまあ、2メートル超級ではあったのだろう、と思いたい。

日本の水田にはヤマカガシというヘビがよくいる。最大で1・4メートルくらいになるが、ふつうは大きくても1メートルかそこらだ。ヤマカガシはおとなしいし、家の周りにたくさんいるし、「いつものオトモダチ」感覚だったので、いつでも素手で捕獲していた。追い回していれば首を平たくし、「シューッ」と音をたてて威嚇されることはときどきあったが、ふつうは逃げるばかりだ。だが、ごくまれにだが、ひどく機嫌の悪いヤマカガシに遭遇することがあり、近づくなり威嚇されたこともある。脱皮前で目がよく見えなかったり、体温が低かったりして逃げられない場合には、威嚇して敵を追い払おうとするらしい。ヘビとしてはとにかく逃げるのがいちばん安全なのだが、逃げきれない状況ならダメもとで威嚇するのだ。

威嚇だけで本当に咬(か)むことはあまりないが、一度だけ、電光石火のアタックでガップリとやられた。せいぜい小学校低学年のころで手が小さかったものだから、親指と人差し指の間の肉の薄いところに深々と咬みつかれ、手を持ち上げたらヤマカガシがプラ～ンとぶら下がっていた。

不思議に痛いとも怖いとも思わず、「機嫌悪いのに手を出してごめんねー」と思いながら地面に下ろしたら、口を放してそのまま逃げていった。手を見ると、奥歯が当たっていたあたりに見事に穴があき、タラタラと血が垂れていたが、よほど歯が鋭かったのか痛みはなかった。図鑑で読んだ知識でヤマカガシは後牙類と呼ばれるグループに属しており、口の奥に長い歯をもっていることは知っていたので、そうかこれが後牙か、と思っただけである。ヤマカガシの首の皮下には頸腺という毒腺があるが、開口部がなくて牙には通じていないことも知っていたので、べつに心配もせず、田んぼのわきの水路で手を洗って、チドメグサを貼りつけて、家に帰った。

それから何年かたったころである。ヤマカガシの後牙には毒腺があること、その毒は全身に深刻な内出血を引き起こし、死亡する恐れもあると一般にも知られだしたのは。ガップリ咬まれたけど平気だったぞ？　どうなってるんだ自分の体？

その疑問は大学院でヘビのM先生と話していて理解できた。M先生いわく、ヘビは毒を出すかどうかをある程度は自分でコントロールできるので、咬まれたから即、毒を分泌するわけではない。「こいつには使うまでもない」と判断すれば、毒を出さないこともあり得る。分泌しようとしても、毒腺が空っぽで補充されていない場合もある。またヤマカガシの後牙はマムシのような精巧な構造ではなく（マムシの毒牙は注射針のようになってお

ヤマカガシとマムシ

り、確実に相手の体内に毒を送りこむ）、牙の根元から分泌された毒が傷口に入ることを期待しているにすぎない。つまり、毒が体内に入らないこともある。私は運よく、そのどれかの条件をクリアしたというわけだ。

ちなみに「どこにも開口しない」という不思議な頸腺の毒は、首筋を狙ってくる捕食者に対する防御だと言われている。ヤマカガシを含むラブドフィス属のヘビには、外敵に会うと頸を平たくして顎を引き、首筋を敵に晒す変わった種がある。捕食者（たとえば猛禽）がこの絶好の急所をガツンとつつくと、皮膚が破れて頸腺から毒が飛びだし、顔面を直撃する。目や口など、粘膜に付着するとひどく痛むようだ。相手が目つぶしを食らってひるんでいる隙に逃げてしまえばいい。

ヤマカガシの頸腺の毒はブフォトキシンといって、ヒキガエルの毒と同じものである。ヒキガエルは背中の皮膚に毒腺があるため、わざわざ食べる動物は少ないが、ヤマカガシはヒキガエルを常食する珍しい動物のひとつだ。ヤマカガシはヒキガエルを食べて毒を分離し、自分の頸腺に溜めこんで利用していることがわかっている。

その証拠に、ヒキガエルを食べさせずに育てたヤマカガシにはブフォトキシンがない(このへんを解明したのがM先生を中心とする研究グループである)。

一方、毒牙のほうはまったく毒成分が違い、血液凝固を阻害するとともに血管壁を破壊する。もともとはマムシなどと同じく、一種の消化酵素と考えられる。長い後牙は、元来は毒を注入するためではなく、カエルをパンクさせるためだ。カエルはヘビに咬みつかれると空気を吸いこみ、「呑めるもんなら呑んでみんかい!」とばかりに膨れ上がるのだが、後牙類のヘビは長い牙を突き立てて、ぷしゅる〜と空気を抜いてしまうわけだ。後牙類には無毒のものも多いので、まず後牙が発達し、その中の一部がさらに毒をもつようになったのだろう。

なお強調しておくが、ヤマカガシは基本的に非常におとなしいヘビなので、ヤマカガシが「いる」ということを恐れる必要はない。私は自分から捕まえに行って、おそらく何百回となく手づかみしているはずだが、反撃されたのは数えるほどで、がっぷり咬まれたのはこの一度きりである。わざわざ何十匹も捕獲しようという珍しい人でなければ咬まれることはないだろうし、ヤマカガシが自分から攻撃してくることもない。

本気で怖かったのはやはり、マムシだ。ハブなんかに比べればかわいいもんだと言われそうだが、それでもマムシに睨(にら)まれると怖い。それほど個体数が多くないし、主に夜行性だからか、あまり出会ったことはないが、何度か印象的な出会いをしたことはある。

子どものころ、友達数人と一緒に、裏の田んぼを通って、谷川を渡って、向こう岸の田んぼに出たときのことだ。この田んぼはシカよけのために柵があり、扉は紐で縛ってあった。だからこの扉を通るときは紐をほどいて開け、通ったらまた紐で縛っておくことになっていた。一緒にいた大人が紐をほどいてくれて子どもたちが通り、最後に私が通ろうとしたとき、紐のすぐ下あたりにも荒縄が巻きついているのに気づいた。ただ、荒縄にしてはちょっと妙な色をしていた。そして、その先端には鋭い猫目があって、こっちを見ていた。……荒縄じゃない、マムシだ。まったく気づかずに、マムシの真ん前で紐をほどき、すぐそばを歩いていたのである！　幸いにして秋も深まったころで気温が低く、マムシも襲ってくるほどの元気がなかったのだろう。

もうひとつは従兄弟と明け方のクワガタ捕りに出かけたときのことである。目をつけていた雑木林に入って歩きまわったが、コクワガタやゴマダラカミキリはいたものの、ノコギリクワガタとかカブトムシとかミヤマクワガタとか、そういう捕れたら嬉しいやつがいない。いい加減飽きたので帰ることにして、従兄弟が先に道に下りた。続いて下りようとしたら、自分の踏んだ落ち葉の下からスルスルとマムシが出てきて、30センチほど離れたところでとぐろを巻き、私の足に向かってクイと首をもたげた。微妙な間合いだ。

マムシの攻撃範囲は広くないが、この距離なら体を伸ばせば届くかもしれない。攻撃速度は相当速いはず。……動いても、脅(おど)かしても、やられるかも。向こうがもう少し遠くへ動いてくれれば、攻撃圏内から外れるのだが。このときのマムシは妙に黄色っぽくて、まさに枯れ葉がつもったような色合いをしていた。爬虫類の図鑑で見た、アメリカ産のヌママムシの写真にそっくりだ。そんなことを考えながら数分（体感的には数十分）待ったのだが、マムシはいっこうに動いてくれない。困った、と思っていると、何かの拍子にマムシの注意がそれたらしく向こうを向いたので、そのスキに横っ飛びにジャンプして逃げた。マムシの攻撃レンジから考えて、飛び下がってしまえばもう牙は届かないし、わざわざ咬みつくために追いかけてくることもない。

マムシの毒牙はハブやガラガラヘビと同様、ふだんは口の中に折りたたまれており、口を開くと起き上がってくる。いかにも恐ろしげなメカニズムだが、マムシはそれほど攻撃的なヘビではないし、体が小さいから攻撃レンジも短い。牙も絶対的には短いので、分厚い服やゴム長を重ねていると貫通できないこともある。毒の量も少ない。これはじつに幸いなことで、同じ量で比べればマムシの毒はハブよりも強いのである。もしマムシがハブなみ、全長2メートルにもなるサイズだったら、致命的に危険なヘビになっていたはずだ。とはいえ、分布が広いだけに、咬傷(こうしょう)の件数を見ればマムシのほうがハブよりも多い。また、咬まれても甘く見て放置すると死亡する例もある。

マムシやハブの毒は出血毒と呼ばれ、その成分は複雑だ。血液凝固を阻害しつつ骨格筋を破壊しつつ細胞を壊死させ……とさまざまな悪さをする。腫れたり痛かったりするだけでなく、傷口を中心に筋組織が破壊されるので、後遺症を残すこともある。どうやら、獲物を殺すだけでなく、食べる前に消化を始めておくのも、毒が進化した理由のようだ。

ある先生がマムシの計測中に誤って左手親指を咬まれたことがあり、そのときの写真を見せていただいたことがある。最初は手が、しだいに二の腕までが腫れ上がり、抗毒剤を点滴していてもその状態が半日続いたという。ベッドで点滴中の写真も見せてもらったのだが、なぜそのような証拠写真があるかといえば、医者に頼んで撮影してもらっていたからだそうである。翌日には腫れは引いたとのことだが、組織を破壊されたせいか、咬まれた親指が化膿して治りが遅かったと聞いた。

コブラやマンバの毒は神経毒で、運動機能の麻痺や、重篤な場合は呼吸不全、心臓麻痺による死を引き起こす。こちらは「獲物の動きを止めて捕食しやすくする」ものだろう。なお、毒ヘビには出血毒と神経毒、両方の毒成分をもったものも多い。

なんにしても、さすがにマムシを捕まえることは滅多になかった。触らぬ神に祟りなし、遠巻きにして近寄らなければ、向こうから襲ってくることもないからである。

もっとも、マムシはその行き届いた隠蔽色ゆえに、それこそ「踏むまで気づかない」のが問題ではあるのだが。

ところで、毒ヘビは頭が三角形、とよく言われる。たしかにハブの頭は、かなりはっきりと三角形だ。東南アジアにいるヨロイハブなんか三角形どころか矢印のようだが、マムシはそれほどでもない。一方、無毒のヘビでも頭を平たくして相手を威嚇することがあり、たとえば怒ったシマヘビの頭はかなり三角形になる。頭の形で見分けようとしても、それだけではうまくいかない場合があるのだ。

あるいは、「背中に丸い斑紋(はんもん)があるのがマムシ」。……たしかにそうだが、ヤマカガシの模様も、暗色の斑紋である。アオダイショウの子どももそうだ。マムシの斑紋は真ん中に点のある輪がふたつ並んだような特徴的な形だが、個体差もあるし、一瞬でじっくり見極められるとは限らない。とくにアオダイショウの子どもはしばしばマムシと間違われるので要注意である(親と子どもで色合いがまったく違うヘビは他にもあり、シマヘビやジムグリの子どもは背中に赤っぽい横縞がある)。マムシはずんぐりして太短いのも特徴だが、これまたやっかいなことに、エサを呑みこんだヘビはもっこり太ってしまう。それに体を巻いているとよく見えない。マムシの腹板(ふくばん)は白黒の市松模様だが、ヤマカガシやジムグリの腹板も黒っぽい模様がある。

確実にマムシだけが違うのは、目だろうか。マムシは夜行性なので瞳孔(どうこう)が細長く、猫目だ。日本であれほど鋭い猫目をもったヘビは、マムシとハブの仲間くらいである。だが、マムシの目を見分けられる距離で覗(のぞ)きこむのは、かなり怖い。

というわけで、マムシを一目で識別するのは、案外難しいのである。見なれていると、マムシは鼻先がしゃくれて目つきが悪くて、絵の具の「ちゃいろ」みたいな色をしているやつ、というように見分けがつくのだが。

ハエトリグモと戯れる

白ひげの紳士

大学の研究室でパソコンを立ち上げ、さっき実施したラインセンサスの結果を黙々と打ち込む。京都御所、10月3日、14時55分開始。M1FL、M1P、M1P、M2FL、M1FL、C1P、M1FL、C4GF……。Mはハシブトガラス、Cはハシボソガラスのことで、種小名の頭文字からとった。Pはパーチの頭文字で「木の上に止まっている」、FLはフライトで「飛んでいる」、GFはグラウンド・フォレイジングで「地上採餌(さいじ)している」を示す。数字は個体数だ。最後に並べ替えて計算させれば、ハシブトガラスが何羽、ハシボソガラスが何羽、そのうち飛んでいたのが何羽、高いところに止まっていたのが何羽、地面に下りていたのが何羽、と集計できる。重要であるが、退屈する作業でもある。

パソコンのキーを叩(たた)いていると、視野の隅をなにかがツツッと動いた。錯覚？　飛蚊(ひぶん)

症？　いや、あの動きは覚えがある。ちょっと手を止めていると、パソコンの画面の後ろに並ぶ参考書の、『ジーニアス英和辞典』の背表紙の上に、ピョンとハエトリグモが飛び乗った。せわしなく触肢を動かしている。いつものあいつ、シラヒゲハエトリのオスだ。こないだ見かけたときはお腹がぺしゃんこで空腹そうだったが、今日は大丈夫だ。なにか食べたのだろう。元気そうでなにより。

アサヒハエトリ
（だと思います）

彼は私のデスクのまわりを徘徊し、ときにはパソコンに飛び乗ってこちらをじーっと見ていく。なんというか、散歩途中で出会う顔見知りの紳士のような間柄だ。シラヒゲの名前のとおり、触肢に白い毛がふさふさ生えていて、髭面っぽい。ちなみに触肢というのはクモの顔の前にある短い肢だ。クモの脚は8本だが、触肢を含めれば10本ある。ただし、昆虫で言えば触覚みたいなもので、歩行には使わない肢だ。また、クモのオスの触肢は先端がふくらんでいる。交尾の際、ここで精嚢を保持してメスに渡すためだ。

ムッシュ・シラヒゲは英和辞典から隣の『コンサイス鳥名事典』に移動し、左右を見回すように体の向きを変えると、『日本鳥類目録』と『フィールドガイド日本の野鳥』の上を通って、デスクの裏へと消えていった。ん、ごきげんよう。またお会いしましょう。

クモはカラス以上に冷遇されている生物のような気がする。ごくごく少数の例外を除いては完全に無害なのに、「怖い」「気持ち悪い」「毒がある」などと言われるのはなぜなのか、さっぱりわからない。あれほど何も悪いことをしない動物もいないのに。

　厳密にはクモはほぼ例外なく有毒なのだが、ふつう、その毒は獲物の動きを止めるためで（最近、中米で植物食性のクモが見つかったが、それ以外のクモは捕食性）、獲物はごく小さな虫なのだ。昆虫の重さなど、0・01グラムもないのがふつうだ。狙うべき獲物より何百万倍も大きな人間に効くような、無駄に強力な毒をもったものは滅多にいない。

　つまり、わざわざ毒グモと呼ぶほど有毒なクモはほとんどいないわけだ［＊1］。そもそも、クモは捕まえてもふつうは嚙まない。大きさが違いすぎて人間を嚙みつくべき対象だと思っていないだろう。体長10ミリのクモにとって、人間の大きさは巨大タンカーや原子力空母に匹敵する。船とは乗るものであって嚙みつくものではない。なお、「嚙む」と書いているが、クモの大顎は左右に並んでおり、脊椎動物の上下に嚙み合わせる顎とは違う。牙は内側に深く折りこまれているが、嚙みつくときに基節を持ち上げると同時に牙が開き、相手に突き刺すことができる。

　仮に、えいやっとクモを手づかみした場合でも、人間に嚙みつく度胸のあるクモは日本ではアシダカグモと大型のオニグモ、あとは卵を守っているときのコマチグモ類くらいだろうか。アシダカグモやオニグモでも、よほど切羽つまらないと嚙んだりせず、ふつうは慌てて逃げようとするばかりだ。また、人間がなにかされて「痛い」と思うレベルなのも、せいぜいこいつら程度である。

　コマチグモの仲間はせいぜい体長20ミリほどの小さなクモだ。ススキなどの葉をチマキのように巻いて産室を作って産卵し、メスは卵と一緒になかに潜んでいる。このときは産室を迂闊に開けると卵を守るために嚙みついてくるうえ、クモとしては例外的なほど強力な毒があり、嚙まれるとしばらく痛む。

　小学生のときだ。家の裏のため池の土手に茂ったススキのなかに、カバキコマチグモだったかハマキフクログモだったかの産室を見つけた。おお、これが！と思ったので、そっとほどいてみた。葉を広げると内側は繭のように糸で編んだ袋に裏打ちされていて、中に親がいるのがうっすらと見えた。のみならず、親グモは袋ごしに私の手を狙って、「そこかーっ！」と牙を突きだしてきた。このとき、ふと好奇心がすべてを超えたのだろう。「嚙まれると痛いとは、どのくらい痛いのだろう」と、指を出して嚙ませてみた。そしたら、ハチに刺されたほどではなかったけど、正直言って思ったよりも痛かった。母は強い。

　コマチグモは「子待ち蜘蛛」で、卵の横で子どもが生まれるのを待っている、という意味。そして、生まれた子どもは母親に群がり、よってたかって母親を食い尽くす。最後は子どものエサになるのがコマチグモのメスである。生物学的に言えば、次の繁殖がない以上、自分の体を構成している栄養まですべてを次世代に投資するのは効率的である。戦慄の光景ではあるのだが。

アシダカグモやオニグモも、捕まえない限り向こうからはなにもしない。嚙まれたことはあるが、それはわざわざ手でつかんだからである。体が大きいので牙も太くて長く、毒云々以前に物理的に刺さって痛かった。とくにアシダカグモに嚙まれたときは不運にも親指の爪の下に牙が食いこんだため、いささか痛かった。だが、これは不幸な偶然である。

午後のにらめっこ

さて、家のなかで見かけるクモというのもいる。不快害虫としてひとまとめに駆除されてしまったりするが、まあそう言わずによく見てほしい。部屋の隅っこに不規則で立体的な網を張っているのはヒメグモの仲間だ。冷蔵庫の後ろとか天井の角っことか、あまり掃除しないあたりに、失敗したあやとりみたいな巣が張ってある。オオヒメグモでも体長は10ミリあるかどうか、小さなクモだ。よく見るとなかなか複雑な模様が背中を飾っている。戸棚の裏なんぞからヒョロ長い脚でヨロヨロ出てくる、小さくて儚い色のクモはユウレイグモの仲間。フラフラしているうえに、あまりに繊細なのでかえって手が出せない。こういうときは、そっと手の上にでも乗せて、どこか邪魔にならない場所に連れていくのが簡単だ。手が嫌なら紙でも何でもいい。え？　紙に乗せたのに手のほうに来るのが怖い？じゃあ瓶にでも入れてください。

天井や壁に平べったいシート状の巣を貼りつけているのはヒラタグモ。腹掛けしたような白黒模様が特徴である。本人も名前のとおり平べったくて、ふだんは巣の下に潜んでいる。おおむね円形のシートには歯車のようなでっぱりがあり、その先端から受信糸という糸が放射状に伸びている。これがヒラタグモの警報装置だ。獲物が糸を踏んだ瞬間、震動を感知してその方向に飛びかかる。

ゴキブリハンターとして極めて有効なアシダカグモは、脚を広げると大人の手ほどもある巨大さゆえに嫌がられているが、まったく無害だ。夏の夜、寝転がっている足の上なんぞをカサカサと通っていくこともあるが、多少くすぐったいのと、いきなり通られて驚くのを別にすれば、害はない。無害だと知らなければ飛び起きて悲鳴をあげそうなサイズだが、ヌシ様だとでも思っておけばよい。アシダカグモは沖縄を除けば日本最大だ。沖縄を含めても、徘徊(はいかい)性のクモとしては日本最大である（沖縄には直径2メートルもある網を張るオオジョロウグモがいて、これが前置きなしの日本最大）。

そして、窓辺をツツツ……ピョン！　と動きまわるのが、ハエトリグモの仲間である。ハエトリグモは徘徊性のクモである。クモといえば網を張るものと思われるだろうが、網を張る造網(ぞうもう)性のクモは全体の半分くらいだ。残りは獲物を待ち構えていたり、自分で歩きまわって獲物を探していたりする。こういう、歩いて獲物を探すタイプのクモを「徘徊性」と呼んでいる。なお、造網性でないクモも、糸を出すことはできる。「しおり糸」などと呼ばれるが、歩くときに糸を引っ張っておいて、命綱に使うのだ。これがあれば、垂直な壁だろうが天井だろうが心配なく歩きまわることができる。いやまあ、クモの体重なら落下してもたいしたダメージにはならないだろうが、天井まで何メートルも登りなおすのは面倒ではないか。しおり糸があれば、糸にぶら下がってすぐに停止し、よいしょと向きを変えて、糸を登っていくことができる。

　ハエトリグモは典型的な徘徊性で、非常に活発に歩きまわる。特徴は前を向いた一対の巨大な目だ。多くのクモは8個（種によっては6個や4個もある）の単眼をもっていて、頭の周りに監視カメラみたいに角度を変えてついており、広範囲をカバーしている。ハエトリグモの目も8個あるが、前方を向いた2個がとくに大きい（逆に側方(そくほう)の2個は退化してほとんど機能していない）。この大きな目がいわばメインカメラ、獲物を捕捉(ほそく)し、距離を測定してアタックするための道具である。

　ハエトリグモは獲物を見つけるとツツ……ツツ……と小刻みなステップで近寄っていき、頭胸部(とうきょうぶ)をちょっと動かしながら、適当な距離で停止する。おそらくここで距離や相手のサイズを評定(ひょうてい)して、攻撃するかどうかを判断しているのだろう。それからグイと肚(はら)に力をためると、留め金の外れたバネのようにピョン！　と獲物に向かって飛びつく。

　これは比喩(ひゆ)ではなく、ハエトリグモのジャンプは、体液に圧力をかけることで行われている。胴体側で圧力をかけておき、これを一挙に脚に流すとピョン！　と伸びるわけだ。

ゴム球を握ると空気圧でピョコタンピョコタンする玩具のカエル、あれと同じである。次の瞬間には獲物を第1・第2歩脚でガッチリと羽交い締めにし、同時に大顎の牙を叩きこんでトドメをさす。

ハエトリグモが静止したときには歩脚を顔の前にチョコンと揃えていて、きちんとお座りしたネコのような風情である。ルーペでよく見ると毛がもふもふしていて、これもネコっぽい。ずばりネコハエトリという種もいるが、こいつはまさに赤トラのデブ猫みたいである。

ちょっと綺麗なところではアオオビハエトリというのがいる。日当たりのいい岩の上なんかに出てくるので、山のなかでの定点調査中や休憩中によく出会う種類だ。こいつは背中側に黒い幅広の帯と白い縁取りがあり、さらに青い帯が浮かぶ。この青色は構造色なのか、角度によって色みが変わる。ちなみにこのクモ、いちばん前の歩脚を上げて構えるという妙な習性がある。もっぱらアリをエサにしているので、8本の脚のうち前2本を持ち上げて「触覚2本+脚6本」に見せかけ、アリの群れに紛れこみやすくしているのかもしれない。

ハエトリグモの顔を正面からじーっと見ていると、首を傾げてこっちをじーっと見つめ返してくる。こちらがちょっと角度を変えると、チョコチョコと律儀に向きなおる。

ハエトリグモは視覚が発達していて、形態視ができる。つまり相手の形をきちんと把握できる。だから、見つめ返してくるハエトリグモは、こちらの姿をちゃんと認識しているはずだ。我々にとって「相手の形がわかる」のは当たり前だが、動物によっては形態を認識するのが苦手なものもある。動きが見えても形はよくわからないとか、動かなければ見えない、という視覚もあるのだ。身近なところでは、カエルは動くものしか見えない。

初夏の午後、暖かい窓辺にハエトリグモが出てくると、つい顔を近づけてにらめっこしてしまうことがある。向こうにしてみれば、山のように巨大な相手が立ちふさがっているはずなのだが、とくに臆する様子もなく、にらめっこに応じてくれる。ほのぼのと時間をつぶすには最適だ。ハエトリグモは昔から、私の遊び相手である。カラスもそうだが、この「何となく、こっちを認識して見ている感じ」が楽しいのだ。

あるとき、SNSでこのことを書いたら、知り合いがレスをつけてくれた。

「君がハエトリグモとにらめっこしている姿を想像したら20秒もたずに吹きだす」

＊1――コモリグモの仲間は「○○ドクグモ」と名づけられていたこともある。というのは、南ヨーロッパの「毒蜘蛛」タランチュラとして有名なクモがコモリグモの仲間だからだ［＊2］。だが、ヨーロッパの「本家」タランチュラの毒は誇張――というか、ほぼ捏造――されたもので、実際はまったく無害である。

シドニージョウゴグモやゴケグモ類［＊3］のように人間にも危険な毒をもつクモもいるが、ごく少数。

＊2——南ヨーロッパでは毒蜘蛛に噛まれるとタランティズムという病気を発症するとされ、タランテラという踊りを踊れば助かるという言い伝えがあった。この伝説上の毒蜘蛛と見なされたのが大型のコモリグモの一種で、伝説にちなんでタランチュラコモリグモと名づけられたのである。そもそも毒蜘蛛伝説がどこから出てきたのかは不明だが、ときに致命的な猛毒をもつゴケグモが「真犯人」であり、コモリグモのほうは大きくて目立つので「こいつのせいに違いない」と犯人扱いされただけ、という説もある。全然関係ない病気などを毒蜘蛛のせいだと考えた、ということもあり得る。

＊3——ゴケグモ（後家蜘蛛）の仲間は北米やオーストラリアに分布する小型のクモで、見た目はヒメグモみたいである。日本にもオーストラリア産のセアカゴケグモが入ってきて繁殖しているが、むこうから襲ってくるようなことはない。ただ、小さいので気づかずに体のどこかにくっつけてしまい、これを払いのけたり潰したりしようとしたときに、クモが危険を感じて噛みつくことはあり得る。ふつうは痛いですむが、場合によっては心臓発作を起こすことがあり、ときには命にかかわる。このような、捕食用にしては強力すぎる毒は、護身用に発達したものと考えられている。

第五章 カラス屋の週末

老人とサギ

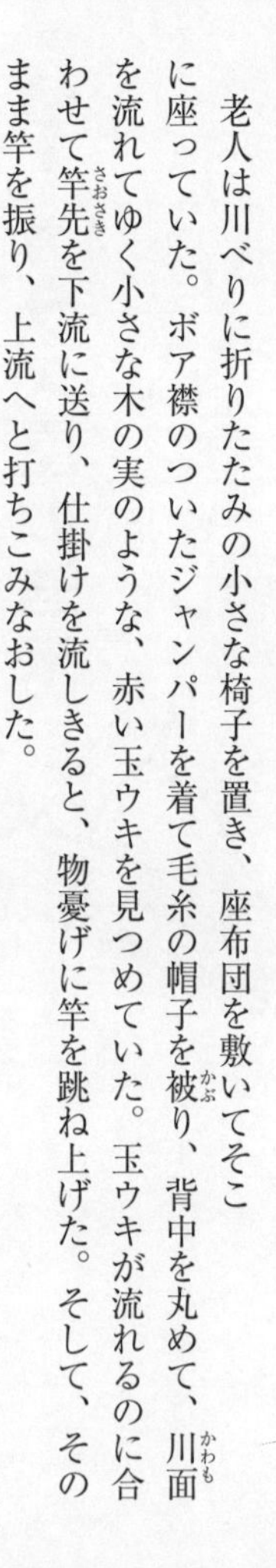

老人は川べりに折りたたみの小さな椅子を置き、座布団を敷いてそこに座っていた。ボア襟のついたジャンパーを着て毛糸の帽子を被り、背中を丸めて、川面を流れてゆく小さな木の実のような、赤い玉ウキを見つめていた。玉ウキが流れるのに合わせて竿先を下流に送り、仕掛けを流しきると、物憂げに竿を跳ね上げた。そして、そのまま竿を振り、上流へと打ちこみなおした。

その老人の3メートルほど下流の川岸に、アオサギが立っていた。アオサギは水際から少し下がり、首をS字に深く曲げて顎を羽にうずめ、川面にくちばしを向けたまま微動だにしない。

ふたたび仕掛けを流し終えた老人が竿を上げた。今度は振りこみなおさず、上げた仕掛けを手元に寄せてハリスをつかみ、エサがついているかどうかを確かめた。気づかないうちに小魚がつついてエサを落としてしまっていることもあるからだ。案の定、エサがなかった。さっきから玉ウキがもぞもぞしていたのは、針にかからないほど小さな雑魚の仕業だったに違いない。

老人が竿を上げた途端、アオサギはクイと首を伸ばしていた。老人のほうに一歩踏みだしながら、すーっと首を伸ばして、老人の手元を覗(のぞ)きこんだ。爬虫(はちゅう)類を思わせる目が、大きく裂けた口の上でクイと前を向き、老人がなにも持っていないことを確認した。サギの目に映る釣り針やエサは、サギにとって意味をもたない。だが魚がそこにいないことだけは確かだ。サギは踏みだした足を下げ、機械を思わせる動きで再び首を縮めながら、待機姿勢に戻った。

老人は足下のエサ入れからサシを取り、老眼に顔をしかめながら針に刺した。ついでに、玉ウキを触って、タナを少し深くした。これでもう少し深いところを流れるようになったはずだ。

老人は何度も仕掛けを流した。そしてとうとう、流す途中でツイと竿を上げた。竿先が曲がり、微(かす)かに震えて抵抗した。抜き上げた仕掛けの先には、銀色に踊るものが掛かっていた。水面から抜き上げられた魚を見た瞬間、アオサギの頭は滑(なめ)らかにまわり、老人のほうを向いた。丸い目がわずかに角度を変え、魚に釘付(くぎづ)けになった。首が伸びると、地面を踏みしめながら素早く2歩、老人のほうに近寄った。持ち上げられた右足の指先が軽く丸まって、そこで動きを止めた。老人はわずかに片頬を歪(ゆが)めると、左手で魚を受け止めた。掌(てのひら)に載ってしまうほどの、小さなオイカワだ。老人は小さな針をオイカワから外し、顔を川面に向けたまま、手首のスナップだけで魚を右側に投げ捨てた。魚はサギから2メートルほどのところに落ち、ぴち、ぴち、と石の上を跳ねた。

アオサギは体を低く構えると、大股に歩き寄った。その間に首が曲げられ、弓を引き絞るように頭が引かれた。次の瞬間、引っ張ったゴムを放したようにくちばしが前に突きだされ、石の上からオイカワをくわえあげた。くちばしが少し上を向き、口が開いて肉色の粘膜が覗くと、オイカワはサギの口の中に吸いこまれるように消えた。それから、しゃくり上げるように首が動いて、アオサギは小魚を飲み下した。アオサギは一度瞬きすると、何事もなかったようにクルリと後ろを向き、もとの位置に戻って、また首をすくめて待機姿勢に入った。

老人はちらりと横目でサギの様子を見ると、ふたたび、エサをつけなおした仕掛けを川の上流へと振りこみ、流れていく玉ウキを目で追いはじめた。

サギは微動だにしない。

とまあ、こういうサギと釣り人の共生関係をよく見かける。東京都の水元公園ではコサギも同じように釣り人の横で待っている。四つ手網でエビを捕っている人がいると、網からこぼれたスジエビを拾ってまわる。だが、なぜか鴨川でいちばんよく見かけたのは、アオサギとおっちゃんなのだ。アオサギはダイサギと並んで非常に大きなサギだが、近年、都市河川でもよく見かける。水辺に立っている灰色の背の高いアレだ。素っ頓狂な顔でじーっと水辺に突っ立っていて、魚が寄ってくるとすーっと首を伸ばし、魚が遠くに行ってしまうとまた首をすくめて待ち受け姿勢に戻る。冬の田んぼに突っ立っていることもあるが、あれは畦(あぜ)から出てくるハタネズミなんかを狙っているらしい。

原則として、野生動物への無闇(むやみ)な給餌(きゅうじ)は推奨できない。だが、こういう、小魚数匹で成り立っているおっちゃんとサギの関係を見ていると、なんだか微笑(ほほえ)ましいなあと思うのである。

猫王様との邂逅(かいこう)

どっちかといえば明らかにイヌ派だった私だが、べつにネコは嫌いではない。ネコのほうが私の相手をしてくれなかっただけである。まあ、ネコとはそういうものだが。

愛想のよかったネコというと、カラスの追跡中に賀茂川の土手で出会った子ネコだろうか。土手の上のお宅で飼われていたのだと思うが、鈴のついたお揃(そろ)いの首輪をした3匹だった。最初は自分たちだけで遊んでいたが、目を合わせると揃って駆けてきて、しばらく足下で転げまわってから帰っていった。あとは大学の中庭にいた「ストファイ猫」だ。昼飯にサンドイッチを食べていたら、ニャーニャー言いながら寄ってきたのでパンを差しだすと、目にもとまらぬ早さの猫パンチをお見舞いされた。その後も何度か見かけたが、誰が相手であれニャーニャー言いながら近づいては猫パンチを喰らわせ、「フン」みたいな顔で去っていくのだった。あれはエサが欲しいのではなく、強い対戦相手を求めているストリートファイターなのだ、と思うことにした。

近ごろどういうわけかめっきりネコ派で、今ではイヌよりネコの知り合いのほうが多いくらいだ。うちのベランダに雨宿りにくるネコとか、隣の駐車場に住んでいるあのネコとか、あの角でときどきエサをもらっているロシアンブルーみたいな色のあのネコとか、その裏手のアパートにいる白猫親子とか、ベランダから下を見下ろしている黒猫とか、いつも前足を伸ばして、のびーっとしてるブチ猫兄弟とか、隣駅の駐輪場のあのネコたちとか。

そしてある日、ふだんは通らない道を通ってみた私は、猫王様に遭遇した。

猫王様は灰色の虎縞のネコだった。立派なほおひげを生やし、首にたっぷりと毛皮をあしらった、ゆったりとしたケープを着ていた。というか、そんなふうに見えた。

おそらくは長毛種が混じった雑種で、部分的に長い毛が生えているのだろう。とくに見事だったのは首まわりの、たてがみのような毛である。そして眉根に皺を寄せた威厳あるお顔。ネコながら「黙れ小僧！」と一喝しそうである。

猫王様は王様なので、警護官がついている。SP猫その1は目つきのするどい灰トラだ。王様と違って短毛の日本猫である。SP猫その2は、これまた目つきの鋭い黒猫。影のように暗がりに潜んでいると、カメラのオートフォーカスが作動しないくらいの漆黒である。

初めて見かけたとき、猫王様のあまりの威厳にカメラを向けたところ、猫王様は「無礼者め！」というような一瞥(いちべつ)をくれると、のそのそと歩み去ってしまった。そして、猫王様と私との間に怖い目つきのSP猫その1その2が割りこんできた。警護官としては、パパラッチを放置するわけにはいかなかったのだろう。

数ヶ月後、ふたたびここを通ったら、また猫王様がいた。そして、プイと背中を向けた猫王様を守るようにSP猫その1がこちらにやってきた。だが、こいつはSPのくせに目の前でゴロンと仰向けになると、背中を地面にこすりつけはじめた。ああ……やっぱり、ネコだ。

「仕事せんかおまえ」

「知らにゃい」

それからしばらく猫王様に会わなかったのだが、ある日、いつも猫王様がいる広場の反対側に、首のあたりがフサフサしたシルエットが見えた。お、猫王様だ！　今日はおひとりだ。そう思ってしゃがんでカメラを取りだすと、猫王様はこっちに寄ってきた。あれれ？　てっきり「なんだ貴様は」みたいな顔で立ち去ると思ってズームしておいたのに、あっという間に画面から猫がはみ出してしまう。あわてて広角に戻し、猫を捉えなおす。その間にも猫王様はどんどん近寄ってきて、しまいにカメラを見上げて、鼻先でチョンとレンズに触れると、「うにゃーん」と鳴いた。

違うぞ、これは猫王子様だ！　どう見ても猫王様より若いし、猫王様ほど威厳のある顔ではない。たてがみも短い。なにより、猫王様より気さくで、下々の者にも親しく声をおかけになる。

猫王子様はしばらく撮影に応じてくれると、また機嫌よくトコトコとアパートの奥へ戻っていった。

糸の先の食物連鎖

なぜこいつが

昔から釣りが好きで、釣り歴はもう40年以上にもなる。そんなに真面目に釣りに行くわけではないので、たいした魚は釣っていないが。

さて、釣りは科学だ！　などと大層なことを言うつもりはないが、思わぬところで自然の摂理というものを感じたことは、ある。

もうだいぶ昔のことだが、伊勢で釣りをしたことがある。実家の知り合いの方がモーターボートを出してくださったので、皆で乗せてもらってシロギスを釣った。海岸からシロギスを釣ろうと思うとかなりな距離を投げなければいけないが、ボートならシロギスの居場所の真上まで行けるので、短い竿でチョイと投げただけでも十分だ。

シロギス釣りのエサはゴカイ（青イソメ）である。これを放りこんで底まで沈め、ときどき引っ張っては待っていると、シロギスがガツンとエサに食いついてくる。かわいい見かけに反して、エサの食い方は激しい。

さて、こうやって釣っていると、ぐにょんと手応えが重くなることがあった。海藻に引っかかったようでもあるが、何だか様子がおかしい。捨てられているビニール袋をひっかけてしまうと、こんな手応えになるのだが……と思って巻き上げようとすると急に軽くなる。こんなことが何度か続いているうちに、この「重たいもの」が最後までついてきた。ボートの下まで引きずってきたのでそのまま巻き上げはじめると、何やら左右に動いているようでもある。

はて、面妖な。そう思って水面まで上げてみると、驚いたことに大きなマダコであった。何でもこの年は妙にタコが多く、ときどき釣れていたのだという。ははあ、さっきから重くなっていたのは、ゴカイを見つけたタコが腕を伸ばして「えい」と捕まえていたのか。タコが手を離すか、あるいは針にかかっていたとしても外れてしまえば軽くなるわけだ。

そうやってキスやらガッチョやらハタの子どもやらを釣っていた昼下がりのことである。不意に竿先が重くなった。あ、これはまたタコだ。そう思ってズルズルと引き寄せてきた、その途端。

突如として竿先がガツンと引きこまれた。そしてそのまま、すごい勢いで突っ走りはじめた。なんと、タコはこんなに泳ぎが巧みなのか。これは全然知らなかった。そう思いながら強引にリールを巻いていくと、とうとう糸が張りつめて、10メートルほど向こうの水面からオモリが出てきた。つまり、相手がなんなのかはわからないが、竿先からピンと糸を張って、空中にオモリをぶら下げたまま、水面直下を突っ走っているわけだ。

なんだこりゃ？　いくらなんでもタコにこんなまねはできない。だが、こんな魚がいるだろうか？　今日釣ったのはキス、ガッチョ（ヌメリゴチの仲間）、キュウセン（ベラの一種）、ハタの子ども、ヒイラギ（平べったくておちょぼ口で口先がにょーんと伸びる、変な魚）、キヌバリ（ハゼの仲間）といったところだ。どれもこんなに走る魚ではない。しかも、最初に手ごたえが重くなったのは絶対にタコだ。わけがわからない。

わけがわからないならもうちょっと慎重にやりとりすればよさそうなものだが、そこは子どものこと、ゴリゴリとリールを巻いて力ずくで引き寄せた。まあ、これで寄ってくるくらいだからそんなに大きな魚ではないと思ったのだが、ボート際まで来て驚いた。銀色に光る、いかにも泳ぎの速そうな魚がかかっていたのである！　えいやと抜き上げてみたら全長30センチあまり、一見してカツオの仲間とわかる形だ。大きさ的にはサバだが、もっと太っているし、模様も違う。背中の後ろのほうにだけ、サバのような縞模様がある。これ、図鑑で見たことある。

「ソウダガツオ？」

どう見てもそれはソウダガツオだった。まさにカツオの仲間で、ヒラソウダとマルソウダというよく似た2種がいる。そのときはどっちかわからなかったが、後で考えればヒラソウダだったようだ。ソウダガツオは沿岸性で、とくにヒラソウダは浅いところにいるらしいが、こんな、浜辺から投げれば届くような海岸近くにいるものなのか。ええと、図鑑によると一方は生食しないほうがいいとあったが、食べていいのはどっちだっけ。（後で調べたら中毒例が多いのはマルソウダのほうだった。だが、さらに調べると中毒はヒスタミンによるもので、マルソウダに特有というわけではないとわかった。ヒスタミンは魚の筋肉中にあるアミノ酸が分解されて発生するのだが、マルソウダでは生成されやすい、ということのようだ。それにヒスタミンは加熱しても破壊されないので、生だろうが煮ようが焼こうが同じだ。もし食べるなら、釣ったらすぐ血抜きして急冷し、鮮度が落ちないようにするしかない。）

それはそうと、なんでキスを釣っていてソウダガツオが釣れるのだ。こんな形の魚は中層や表層を泳ぎながら小魚を食べているに違いなく、水底でモソモソとゴカイを食べるわけがない。スレで引っかかったのかと思ったが、針はちゃんと口にかかっている。こいつは明らかに、エサに食いついたのだ。水中でヒラヒラしていたゴカイを小魚と見間違って食った？　ルアーの中にはワームというミミズみたいなのもあり、本来は水底でピョコピョコ動かすものだが、これを泳がせる釣り方もある。だから、本物のゴカイでもそういうことはあり得なくはないのだが……。

待った、タコはどうなった。シロギス仕掛けは3本針だったから、1本にまずタコがかかり、それから他の針にソウダガツオがかかったのかと思ったが、どうやらそれは違う。ほかの針のエサはついたままだ。これまでタコがかかったときは、エサもなくなっていた。

つまり、タコがかかったのは、今ソウダガツオがかかっているこの針だったのだ。となると、たぶん、こういうことだ。針にかかって水中を引き寄せられているタコを見つけたソウダガツオが、「これは食える！」と反射的にタコに食いついた。ところが、食いついたのがちょうど針の上だったので自分が針にかかってしまった。タコのほうは針が外れて、まんまと逃げた。そしてそのソウダガツオを人間が食べる、と。

なんたる食物連鎖！　針にかかったキスにコチやヒラメが食いつくことはあるそうだが、狙ってもいないタコがかかって、さらに考えもしなかった回遊魚がかかるとは。こういうことがあるから、リアルな自然体験はやめられないのである。

それはそうと、ソウダガツオはタコを食べるものだろうか？　これはよくわからない。食べるかもしれない。だが、イカが泳いでいれば襲いかかるだろうが、タコを探して物陰を覗いてまわるような魚には見えない。おそらく、針にかかったタコが水中を引っ張られている、という状況が大事だったのだろう。タコを食べたことはなかったかもしれないが、その姿のどこかに反応して食いついた、というわけだ。生物は意外と、特定の刺激に対して反射的に反応することも多いのである。釣りもまた、これを利用している。

何が魚をそうさせるか

エサ釣りはふつう、ふだん魚が食べているものをエサにする。渓流でイワナやヤマメを釣るなら、そのとき、川にいる昆虫がいちばん間違いのないエサだ。ただし、ちょっと刺激を強くしたほうがよく目立って釣れることもある。管理釣り場のニジマスはイクラをエサにしても釣れるし、ワカサギを釣るときはわざと食紅で色をつけたサシ（ハエの幼虫）をエサにすることもある。赤いエサなんて彼らのまわりにはそうそうないだろうが、滅多にないがゆえに、ひどく目立つ……つまり、より強い刺激を与えるのだろう。

この「刺激」だけで成り立っているのが、およそエサには見えない擬似エサである。擬似エサ、とくにルアーにはいろいろな形のものがある。金属片に針がついただけ、というのもある。いかにも釣れそうなものとしては、プラグと呼ばれる、小魚の形をしたものがある。色合いや模様も小魚に似せてあるし、水中を引っ張ると、ちゃんと左右に体を振って泳ぐ。ルアーを引いている自分でさえ、一瞬、小魚と見間違うことがあるくらいだ。

ところが、ルアーのなかにはまったくなににも似ていない、小魚どころか生き物にすら見えないものもある。たとえばスピナーベイトと呼ばれるルアーは、V字形の針金の一方に大きな釣り針とオモリ、そしてゴム製のタコのようなスカートが付いている。もう一端には金属製のブレードがついている。これを投げこんで引っ張ると、スカートが水流を受けてフニョフニョと波打つように揺れる。ブレードのほうはキラキラ光りながらクルクル、ヒラヒラと回転する。全体としてなにに見えるかと言えば、何にも見えない。フニョフニョでキラキラでクルクルでヒラヒラなだけである。

ところが、ブラックバスはこれを見ると猛然と襲いかかって丸呑み(まるの)にする。バスだけではない。ニゴイもものすごい勢いで追ってきたことがある。となると、魚にとって非常に魅力的であるに違いない。

ここで、魚の立場で考えてみよう。エサとなる小魚が泳いでいたら、魚は何を感じ取るだろうか？　まず、小魚が尾を振ることによる水の震動が、遠くからでも感じられるはずだ。近づくと鱗(うろこ)が光を反射してキラキラと光るのが見え、小魚の形もわかるだろう。左右に小刻みに揺れる動きも見える。生き物らしい柔軟な動きもあるだろうし、最終的なアタックには「あれが本体だ」という目標も必要だろう。

こうやって「魚が受け取る刺激」を分解してみると、スピナーベイトには全部揃っていることに気づく。ブレードがキラキラ、ヒラヒラしつつ、光と震動を撒(ま)き散らす。ブレードと同時にスカートが揺れる動きを見せる。水流に乗って震動を繰り返すスカートは、柔らかそうに見えるとともに、ボリューム感のある「本体」でもある。全体としてそれが何であるか、という、人間が図鑑と見比べるような「同定(どうてい)」はうっちゃっておいて、反射的に食いつきたくなるような「魅力的な信号の集合体」として成立しているルアーなのだ。

こう考えてくると、ルアーの「リアルさ」というのもいささか怪しいと感じることもある。第一、魚の感じている信号は人間とはだいぶ違うはずなのだ。

赤いルアーが赤く見えるのは、赤い光だけを反射して他の色を吸収しているからだ。ところが、水は波長の長い光をよく吸収する。浅いところなら太陽からすべての波長の光が届くが、ちょっと深くなると波長の長い、赤い光が届かなくなる。その世界では、赤色のペイントは反射すべき光を失って黒く見えてしまう。ほんの数メートルの深さでも見え方はかなり違ってきて、10メートルも沈めれば赤いルアーと黒いルアーは区別できない。赤が目立つ色なのは、ごく浅い場所だけなのだ。

一方で、紫外線が見える魚も多い。だが我々にはエサやルアーが紫外線を反射しているかどうか、確認することができない。人間の目には本物そっくりに見えるようにペイントしたとしても、紫外線領域の反射が全然違っていたら魚の目にはリアルには見えない、ということになる。

こうなってくると、ルアーの色や模様なんて「だいたいそんな感じ」でいいんじゃないの？　どうせ魚の目にどう見えてるかなんてわかんないしー、という、メーカーや手作り職人さんが絶望しそうな結果になってしまう。まあ、リアルなルアーはいかにも釣れそうだから、自信をもって使える、というメリットは否定しない。自信をもって投げ続けられるかどうかは、重要なことだ。

実際、私が作ったなかでいちばんよく釣れたルアーは、なんとなく小魚っぽい形と色合いをしているだけで、何かに似ているというわけではなかった。色も動きも人間の目には超リアルに仕上げたオイカワルアーはあまり釣れなかったのだから、もう、どんなルアーがいいかなんてヤマ勘の世界である。次も勘でルアーを選んで、近所の川のスズキに挑むことにしよう。

さて、休日は終わりだ。仕事に戻らなければ。もっともカラスの観察は私にとって大きな楽しみでもある。仕事と休日の境目は、あるような、ないようなものだ。

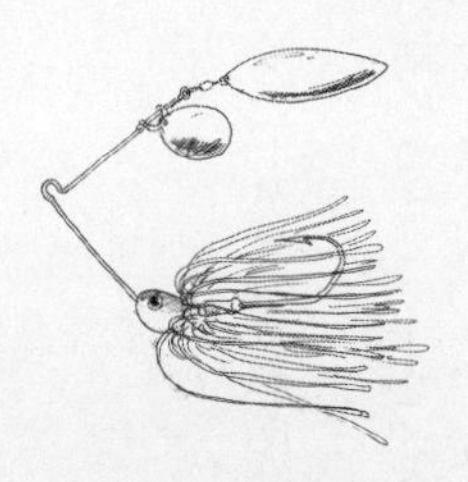

終　章〜今日もカラスがそこにいる

朝、目を覚まして、洗面所で顔を洗う。ユニットバスの隅っこにはオオヒメグモが住み着いている。何を食べているのかわからないが、ずっとここにいるところを見ると、小さな虫でもいるのだろう。

食パンをトーストしている間、表で「カアカア」とカラスの声が聞こえる。「ピューイッ」というような声はオナガだ。オナガはなんだか変わった鳥だ。関東にはふつうにいるが、関西にはいない。分布はアジアの狭い地域だが、なぜかスペインの一部にだけは分布する。なんでこんなに分布が飛び離れているのか、さっぱりわからない。ただしスペインのオナガはアジアのものと違い、尾の先が白くない。最近では別種扱いのこともある。

さて、仕事に行こう。今日は晴れているから、ふつうのスニーカーでいい。靴を履いてドアを開けて外に出て、ドアを閉める。閉めたスチールドアの表面をツッと動いたのはハエトリグモ。頭胸部が黒くて、触肢がくっきり白い。いつものアダンソンハエトリだ。触肢をチョコチョコ動かしているハエトリグモを脅かさないようにそっと鍵をかけ、駅に向かう。道路に出た途端、頭上から甲高い「ピイピイ……」という声が聞こえてきた。これはヒナの声だ。角度からしてこの電柱の上。電柱に取りつけられた金属パイプの一本から藁がはみ出しているのが見える。スズメだ。スズメはこういうところによく巣を作る。そして、とにかく大量の巣材を持ちこんで空間を埋めてしまうので、藁だのビニール紐だのがはみ出していることが多いのである。案の定、パイプの中から親鳥が出てきた。エサをやっていたのだろう。

一本向こうの大きい通りに出ると、アパートの前庭に花が咲いて、アゲハチョウがまわりを飛んでいる。すぐに飛び去ってしまい、キアゲハかナミアゲハかは区別できなかった。夏になるとヒマワリの種にスズメやカワラヒワが群がっていることもある。彼らはヒマワリの種をくわえ、上手にポリポリと嚙んで殻を割り、中身を食べる。手も使わずに器用なものだ。

道路の上をハシブトガラスがスーッと滑空していった。エサを狙っているらしい。今日はゴミの日だが、燃えないゴミだ。あまりいいものはないだろう。せめて資源ゴミの日なら、缶詰に残ったタレを舐めるくらいのことはできるのだが。ハシブトガラスは電線に止まってこっちを見ている。立ち止まってじっと見ると、そわそわと向きを変える。見られているので落ち着かないのだろう。カラスは人間の視線に非常に敏感だ。目を合わせると襲ってくるなんて言われているが、そんなことはない。カラスの写真を撮るときは「いかに目を合わせないか」に苦心するくらいだ。

道路を渡って少し歩くと公園がある。「ジャージャー」と声がするのはオナガの警戒音だ。いつもオナガのいるところだが、妙に騒がしいな、と思って覗（のぞ）いてみる。

入ってすぐのクスノキの上にオナガの巣があった。カラスの巣を小さくしたような作りだ。やはり繁殖していたのか。よく見ると、その巣の横にチョコンとヒナが止まっている。なるほど、親が神経質になっているのも当然だ。カメラを取りだして写真を撮ろうとすると、オナガの成鳥たちが集まってきて口々に鳴き声をあげる。彼らはつねに群れで暮らしており、外敵に対しても集団で防衛する。

駅に向かって歩いてゆくと、マンションの上の給水タンクあたりで「ぐわわわ」と声がした。ここらへんにいるってことは、いつものハシブトガラスの子どもたちか。日陰に止まって、羽をばたつかせているのが見える。「お腹減（なか）った」と騒いでいるのだ。親が見えないところを見ると、どこかにエサを取りにいっているのだな。

駐車場のネコに「にゃあ」と挨拶して（いつものように無視されたが）畑にさしかかると、地上にカラスがいるのが見えた。ハシボソ？　いや、ハシブトガラスだ。珍しい。なんで畑に下りているんだろう？

ハシブトガラスは地面に積んであった藁をかきわけて、茶色いものを取りだした。どうやらフライかチキンナゲットかそんなもののようだ。ははあ、貯食してたわけね。立ち止まって写真を撮っていると、カラスはエサをくわえたまま飛び、畑の物置の屋根に止まって、雨樋を覗きこんだ。貯食場所を変えるつもりか。だが、私がじっと見ていたせいか、結局エサをくわえたまま飛び去ってしまった。たとえ人間にでも、エサの隠し場所を知られるのは嫌なのだろう。

畑にはムクドリもいた。1羽は色合いがくっきりしていてくちばしと脚がオレンジ色だが、あとの2羽は羽色がぼんやりした灰褐色で、オレンジ色も褪せている。こいつらは若鳥だ。今年生まれの子どもたちか。ムクドリは私の視線に気づくと、なんとなく足早になって離れていく。5メートルほど離れると、安心したのか地面をつつきだした。畑には柵があるから人間がやたらに入ってこないのはわかっているだろうが、あまりに近いと不安になるのだろう。

「チチン、チチン」と声がして、尾の長い白っぽい小鳥が飛ぶ。ハクセキレイだ。道路ぞいに畑と駐車場が並んでいるから、ハクセキレイには絶好の住処だ。日本では河川敷に多いセキレイ類だが、ハクセキレイが好きなのは「開けた平らな場所」なので、川でなくても住んでいる。駐車場をテケテケと走りまわるハクセキレイを見ていると、もう図鑑にも「生息環境：駐車場」って書いておけばいいんじゃないかな、とさえ思える。最近ではパンくずも食べていることがあり、いつだったか、コンビニの前でスズメを蹴散らしてパンくずをぶん捕っていたこともあった。

ハクセキレイは道路に下りると、テテテッと走って歩道の際のブロックのあたりをつつき、また走ってはつついている。なにかあるようには見えないが、セキレイの目にはエサが見えているに違いない。彼らの目の高さは地上5センチなのだ。しゃがんでじっと見てみると、小さなアリが歩いていた。おそらく、もっと小さな昆虫やクモやダニも、うろうろしているのだろう。小鳥のエサの多くは、そういう小さくてつまらない粗食だ。

信号を渡って駅に入り、プラットフォームに上がる。高架線なので周囲がよく見える。少し離れたビルの上にさっきのハシブトガラスの子どもたち。その向こうを飛んでゆくのはドバトか。ずっと向こう、大型パチンコ店のあたりをカラスが飛んでいるのが見える。ハシブトガラスが2羽だ。ペアだろうか。あのへんだとどこで営巣しているだろう？

ときどき空を眺めてみると、面白いことがある。コンビニで買い物をして出てきたら頭上をチゴハヤブサがすっ飛んでいったこともあるし、大手町のビル街の上をハヤブサが飛んでいたこともある。この本の編集者から「今、編集部の近くをコウノトリが飛んでいました！」とメールが来たことさえある（おそらく千葉で放鳥された個体だったのだろう）。仮になにもいなくても、空を眺めれば少しは広々した気分になれる。

視野の隅を黒いものが動いた。カラスが飛んできて、架線に止まったのだ。すっきり細い頭の形はハシボソガラス、おそらく、駅前の公園にいるやつだろう。ハシボソガラスは翼を広げて線路に下りてくると、バラストの上を歩きはじめた。線路では、カラスが砂利の下になにかを貯食していることがしばしばある。これから隠すのか、それとも、すでに隠してあるものを取りだすのだろうか？

ホームの端まで行って見ていると、ハシボソガラスがサッと顔を上げた。あ、駄目だ。電車が来る。ハシボソガラスは飛び立ち、公園に戻っていった。ああ……。仕方ない。続きはまた次の機会だ。明日にでも、注意して見ていることにしよう。

電車に乗りこんでシートに座ると、もう一度、車窓の外を一瞥（いちべつ）してから、文庫本を取りだす。読むのはもう何度目になるかわからない、開高健（かいこうたけし）のブラジル紀行だ。マナウスから船でアマゾン河を遡る（さかのぼる）シーンから始まる。

ふむ、ブラジルの「モーリョ・デ・ピメント」なるソースは、いわばサラダである、サラダをステーキにかけて食っているようなものである、と。材料はどうやらタマネギと「ピメント」、つまりピーマンや唐辛子の類（たぐい）、トマト、ライム、塩、オイルなど。よし、帰りにスーパーに立ち寄り、ピーマンとトマトと牛肉を探してみよう。ふんぱつしてライムも買ってみよう。そして、このあいだ通勤中に見つけたブラジルのビールを手に入れよう。

こうして書を持ったまま町に出て、思いつきで買い物して料理してみるのも、私の楽しみのひとつなのだ。

さて。

この本の最初に、「天かすをひとつ、地面に落としてしまったとする。ここを通りかかったアリの行動を見ていると、5分くらいは余裕で楽しめる」と書いた。これは一緒にカラスを見ているときに共同研究者の森下さんが見つけたのだが、アリは油に惹(ひ)かれて天かすを食べにくるものの、齧(かじ)りだして数秒もすると後ろに下がり、「うえ〜、触覚がべたべたになっちゃったよ〜」とばかりに懸命に触覚の掃除を始める。彼らは触覚でエサに触れてその匂い(というか味というか、化学的な感覚)を確認するからだ。それから、「やっぱり、いい匂いがする〜」とまた天かすに寄ってくる。それからまた「うえ〜」とやる。何度でもやる。これを眺めていれば、5分なんてすぐである。

この世界には自分に見えていない、見ていないものがいくらでもある。なにも遠くに行くことだけが、知らない世界を見ることではない。足下に目をやるだけで、この世界が決して退屈なものではないと思えるなら、この世も捨てたものではないだろう。

本書は、ハルキ文庫のための書き下ろしです。

ハルキ文庫

ま 15-1

カラス屋の双眼鏡（やそうがんきょう）

著者　松原 始（まつばら はじめ）

2017年 3月18日第一刷発行

発行者　角川春樹

発行所　株式会社角川春樹事務所
〒102-0074 東京都千代田区九段南2-1-30 イタリア文化会館

電話　03 (3263) 5247 (編集)
03 (3263) 5881 (営業)

印刷・製本　中央精版印刷株式会社

フォーマット・デザイン　芦澤泰偉
表紙イラストレーション　門坂 流

本書の無断複製（コピー、スキャン、デジタル化等）並びに無断複製物の譲渡及び配信は、著作権法上での例外を除き禁じられています。また、本書を代行業者等の第三者に依頼して複製する行為は、たとえ個人や家庭内の利用であっても一切認められておりません。
定価はカバーに表示してあります。落丁・乱丁はお取り替えいたします。

ISBN978-4-7584-4078-3 C0145 ©2017 Hajime Matsubara Printed in Japan
http://www.kadokawaharuki.co.jp/［営業］
fanmail@kadokawaharuki.co.jp［編集］　ご意見・ご感想をお寄せください。